U0069976

一起泡足湯吧！

最解憂的療癒適用設計

台灣衛浴文化協會　著

《一起泡足湯吧！》能順利出版，

有賴眾人提供相關資訊與資源，予以支持與協助，特表感謝。

實踐大學建築設計系副教授　李清志

TVBS「健康 2.0」監製兼製作人　陳韶薰

日本株式會社環境系統研究所主持建築師　原田鎮郎

台灣衛浴文化協會榮譽理事長　沈英標

台灣衛浴文化協會前秘書長　盧武雄

台北市景觀工程商業同業公會榮譽理事長　呂嘉和

台灣物業管理協會理事長　郭紀子

方．遠行旅創意總監　丁榮生

十方聯合建築師事務所主持建築師　張良瑛

許華山建築師事務所主持建築師　許華山

林祺錦建築師事務所主持建築師　林祺錦

淡江大學建築系專任助理教授　李美慧

風和文創總經理暨香港摩登家庭雜誌總編輯　李亦榛

再生診所院長　黃鼎殷

理數齋中醫命理諮詢中心創辦人　周坤學

台灣科技大學建築系　許凱棠

台灣科技大學建築系　黃昶滔

台灣科技大學建築系　蘇郁婷

德記機電技術有限公司總經理　莊恩智

東京 Gallery Field 理事　蕭月紅

台灣衛浴文化協會秘書　劉玉玫

插畫　黃承緯

尚德衛浴有限公司

日商台灣宜家利環保科技股份公司

翁來水之藝國際實業有限公司

諾貝達精品磁磚股份有限公司

包晴天防水建材

和泰興業股份有限公司

毅太企業股份有限公司

（名單依章節順序排列）

【台灣衛浴文化協會】

推薦序 1

足湯的魔力

我是個喜愛旅行的人，過去在日本各地自助旅遊，常常背著裝備，走過山水城市；我喜歡搭乘火車，然後靠著雙腳走遍各地，體會每個地方不同的風土人情。但是自助旅行常常也是疲憊的，好幾次我拖著疲乏的雙腿來到火車站，在候車時發現月台上竟然有足湯的設置，立刻脫下鞋子，將雙腳浸泡在冒著煙的溫泉池中，頓時覺得所有旅程的疲倦勞累都煙消雲散，不僅雙腳重新得力，內心也重新被鼓舞，燃起新的鬥志。

日本許多車站都設有溫泉足湯，例如京都嵐山車站月台、一煙電鐵松江宍道湖溫泉車站，以及由布院車站月台等，都有溫泉足湯。在疲倦的旅途中，足湯為旅人帶來溫暖的慰藉與療癒，特別是在寒冷的秋冬之際，足部被溫泉包覆，整個人瞬間暖和起來，可見足湯的確帶著某種神奇的魔力。

台灣雖然有許多溫泉設施，但是完善的足湯設施還是很少見！很高興看到一群我所認識的建築相關專業者，願意以其設計專長，為足湯的設置提供建言，並且推動足湯在台灣的普及性，相信這對於逐漸步入高齡化社會的台灣，可以為國民帶來更健康的未來！

都市偵探．實踐大學建築設計系

專任副教授

李清志

推薦序 2

牽一「足」通全身
療癒泡足湯，健康心御守

清朝乾隆皇帝的養生要訣，「晨起三百步，晚間一盆湯」，所謂的一盆湯指的就是足湯。俗諺說：「春天洗腳，昇陽固脫；夏天洗腳，解暑去濕；秋天洗腳，潤肺養陰；冬天洗腳，溫暖丹田。」

中醫推崇四季養生足浴，而西醫也論述腿是人體的第二顆心臟，改善下肢的微循環，放鬆勞苦功高的雙腳，足浴會是一個好選擇。

而好的足湯體驗會帶來感官的療癒感受，這本《一起泡足湯吧！》不僅是本健康書籍，更是蘊含旅遊體驗、建築美學的暖心設計，我想帶著這本美學工具書來趟按圖索驥的足湯小旅行，你呢？

TVBS「健康 2.0」監製兼製作人

陳韶薰

推薦序 3

高齡者設施「新」的足湯

足湯的效果

足湯的效果分為身體上的效果與精神上的效果。而「新」的足湯就是專為兩者效果而設計出來的。透過溫暖雙腳來改善血液流動可以溫暖人們的身體並產生精神放鬆的效果。兩者在老年人日常生活中都是非常重要的因素。放鬆效果可促進談話並激活大腦。與泡澡相比，不但對身體負擔小，也不會覺得疲累。

特別是新的足湯都是在舖有榻榻米的日式房間，可以期待像是坐在被爐下聊天的效果。對於日本人，尤其是老年人來說，榻榻米房間是他們可以放鬆身心的空間。

所謂新也並不是指配備有特別器具的康復室。

在日常生活中，已經有很多可以發揮康復效果的機制被設計出來。

在新的個室等私人空間儘可能小間緊湊些，讓入居者可以儘量一起來到共用空間和交流空間。它的設計就是在這樣的空間中，讓大家可以和入居者一起來做對大腦與身體上的復健。例如多積極嘗試參與自己喜歡和擅長的事情。擅長做料理的人幫忙做飯，喜歡種草的人種花種菜。以前曾做過木匠的也可製作出精美的郵箱。在此處也有規劃可以進行這些藝術和手工藝活動的工作室。而當創作出來的作品受到大家的評價和欣賞，對身體和大腦都有康復的作用。在中庭內設有進行此類活動的工作室和一間可做為多功能用的日式大房間。在這邊可以舉行插花和舞蹈課程、還有附近鄰居也可以參與的電影觀賞會等等。還有一個餐廳可供入居者及其家人甚至鄰居來使用。這些交流設施可望豐富入居者的生活，並透過這些活動讓身體動起來並可激活對話，從而產生對身體上及精神上的雙重效果。可期待與足湯有著同樣的效果。新的營運得以活躍主要強調建立開放交流的重要性。雖然足湯僅限設施居民可使用，但它反映了設施整體的基本概念，不要關在自己的房間裡，而是鼓勵與入居者之間做交流互動，促進身體與大腦的活躍。

東日本大地震的教訓

高齡者於日常生活中對話的重要性，在 2011 年的東日本大地震之後也得到了證明。在大地震受災地的倖存者暫時撤離至避難所，等臨時住宅建成後再轉移至臨時住宅。在避難所很難做到的隱私得到了保障，可容家庭單位一起生活。但是房間大小仍有限制，也只能帶著極少量的生活用品入住。因是非常時期，入居者們忍受了多般的不便，但多數的住民仍希望有一個居民間可以互相交流的空間。東北地方的冬季寒冷而漫長，人們習慣聚在一起喝茶聊天。當地人的方言中有「去喝茶」的習俗。在門廊上與鄰居喝茶聊天幾乎成了家常便飯。而臨時住宅只不過是一個個住宅單位的集積，沒有人聚在一起聊天的空間。有些建築師和志願者意識到這些問題後也才有創建人們可以互動交流空間的實例。即便如此，臨時住宅也是平房，從前面經過也是可以和住在裡面的人交談。後來也才有建造像有門廊一樣空間的臨時住宅。

人們在 2-3 年後搬進市政當局建造的公共住宅。這是一個由鋼筋混凝土建造，約有 4 層的中層集合住宅。這裡比臨時住宅更寬廣。但是沒有像喝茶軒那樣的居民用的交流空間。多數包含高齡者的入居者，居住在一個被玄關的門牢牢地與走廊空間隔開的地方生活。

有聽到人們說他們希望能夠像以前一樣玩茶卻不能而感覺到寂寞。從這些例子可清楚明白能夠與熟人和朋友互動對高齡者來說是多麼的重要。我認為創造一個可以邊喝茶邊泡腳的空間，可以大大地促進身體和大腦的活躍。

日本株式會社環境系統研究所主持建築師

原田鎮郎

原田鎮郎
原文

高齢者施設「新」における足湯

足湯の効果

足湯の効果は身体的効果と精神的効果があります。「新」の足湯はその両方の効果を生かすべく計画されました。足を温めることによる血流の改善は身体を温めて、精神的なリラックス効果も生み出します。どちらも高齢者の日常生活において非常に重要な要素です。リラックス効果によって会話が促進されて脳の活性化が図られます。入浴に比較して肉体的な負担が少なく疲れもでません。

特に新の足湯の部屋は畳敷きの和室でちょうどこたつに入って会話が弾むような効果が期待できます。日本人にとって、特に高齢者にとっては畳の部屋は落ち着くことができる空間です。

新では特別に器具を並べたリハビリテーションルームを持ちません。

日常の生活の中でリハビリの効果が発揮される仕組みがさまざまに工夫されています。

新では個室などのプライベート空間をできるだけコンパクトにして入居者がなるべく共有空間、交流空間に出てくるようにしています。そしてそのような空間の中で入居者と一緒に頭と身体のリハビリを行うことができるように工夫されています。例えば自分の好きなこと、得意なことに積極的に参加できるようにしています。料理の得意な方は食事の準備を手伝ったり、植物の栽培が好きな方は花きや野菜を育てたりします。昔大工さんだった方はりっぱな郵便受けを作っていました。そのようなアートや工作活動をするアトリエも用意されています。そして作られた作品が皆さんから評価され感謝されることで身体や脳のリハビリ効果があります。中庭にはそのような活動をするためのアトリエや広い和室を持った多目的室があります。そこでは生け花や踊りのお稽古、そして近隣の方々も参加できる映画観賞会なども開催されます。さらに入居者とその家族、さらには近隣の方々も利用できる食堂も建っています。これらの交流施設は入居者の生活を豊かにすること、そしてその活動を通じて身体を動かして会話が活性化されることで身体的、精神的なダブルの効果が期待されます。足湯と同じ効果が期待できます。開かれた交流を作りだすことが大切という新の運営が生きています。足湯は施設の居住者のみの利用に限定されてはいますが、自分の部屋に閉じこもらないで入居者同士の交流を促進して身体と頭脳を活性化するという施設全体の基本コンセプトを反映しています。

東日本大震災の教訓

高齢者の日常生活における会話の重要性は 2011 年の東日本大震災の後でも証明されました。大震災の被災地で命が助かった人たちはひとまず避難所に避難して、その後仮設住宅の完成を待って仮設住宅に移り住みました。避難所では難しかったプライバシーが確保されて家族単位での生活が可能になりました。とは言っても広さに制限があり、家財道具の持ち込みも最小限のものしか持ち込めませんでした。非常時ですから入居者の方々はそのような不便さには耐えましたが、多くの住民が希望したのは住民同士が交流する空間でした。東北地方では冬が寒く長いこともあって人々が集まってお茶を飲みながら会話を弾ませる習慣がありました。地元の人々の言葉で「お茶っこする」習慣がありました。縁側で近所の人とお茶を飲みながら会話をするなどが文字通り日常茶飯事におこなわれてきました。ところが仮設住宅はそれぞれの住戸の集積でしかなくてそのように人々が集まり話す空間はありませんでした。そのような問題点を感じた建築家やボランティアなどが人々が交流する空間を作り上げた実例もありました。それでも仮設住宅は平屋建てで前を通る人々と家の中の人々が会話をすることができました。そのうちに縁側のような空間を持つ仮設住宅もできました。

人々は 2–3 年後に自治体が建設した公共住宅に入居します。コンクリートや鉄骨造の 4 ·階程度の中層集合住宅です。ここでは仮設住宅よりも広く確保されています。しかしここにも茶っこハウスのような住民の交流空間はありませんでした。多くの高齢者を含む入居者は玄関のドアでしっかりと廊下の空間と区分されて暮らすことになります。かつてのお茶っこができるようになりたい、できないのがさみしいという声が聞かれました。

このような事例を見ても高齢者にとって知人や友人との交流がいかに大事かが良く分かります。足湯をしながら「お茶っこ」ができる空間ができれば身体と脳の活性化が大いに促進されると思います。

日本株式會社環境系統研究所主持建築師

原田鎮郎

目錄

CONTENTS

CHAPTER I
忘憂、設計、氛圍　足湯三段式療癒

CHAPTER II
樂齡養生文化村　健康足湯規劃須知

目錄

CHAPTER III
社區式足湯　日常養生通用設計

CHAPTER IV
足浴池空間改造　設備建材知識學起來

附錄

原來歷史是泡湯……

山崎麻里的《羅馬浴場》，
令你對湯文化回味無窮，
最身心舒暢的，令你心暖呼呼，
卻是那足湯。

2 徐福求長生不老藥

相傳秦始皇當時建「驪山湯」原是為了治療瘡傷，而派出徐福為尋找長生不老藥而前往東方，輾轉漂流到了日本和歌山縣，為當地帶來建池泡湯的設施，有一說日本能成為泡湯大國，與徐福的到訪有相當大的關係。

1 給楊貴妃愛的禮物

華清池是中國有文字記載，開發利用最早的溫泉池。當中有個湯形狀像海棠花，叫做海棠湯，後來被唐玄宗當情人禮物送給楊貴妃，又稱作貴妃池，據說楊貴妃愈泡愈美麗。白居易《長恨歌》有段描述就是寫楊貴妃出浴後的嬌態。

3 蘇東坡睡前一泡好好眠

宋朝不只夜生活迷人，對足浴更加心得滿滿！連文人蘇東坡也親身見證，在《上巳日與二三子攜酒出遊隨所見輒作數句明日》寫到：「主人勸我洗足眠，倒床不復聞鐘鼓」鼓勵睡前泡泡腳，可幫助入眠。

4 康熙乾隆宮廷泡腳偏方

清朝康熙與乾隆皇帝也是足湯鐵粉，深信每天泡腳養生，尤其是康熙還下令宮廷製作含有多種中藥的泡腳方。現在 20 世紀初，則研發出泡腳片，加入中藥、精油、礦物質的等配方，標示各種療效，不再只有貴族享有，人人皆享受得到。

5 西方第一本專寫足的健康書

早在西元 13 世紀，馬可波羅就把在中國所見所聞，包含足療帶回了歐洲。而在 20 世紀初，美國醫生威廉在發表《區域療法》一書後，美、英、瑞士、澳、德等國的學者也對足浴加以研究並有許多專論發表。1938 年由美國印古哈姆女士對「區域療法」進行了更精細的研究後，便出版了著名的《足的故事》一書，更加有系統地為往後的足浴奠定基礎。

6 足湯新幹線之鐵道泡湯

JR 東日本曾在 2014 到 2022 年 3 月，推出世界唯一的假日觀光足湯列車 Toreiyu Tsubasa（とれいゆつばさ），從福島站到山形縣新莊站之間運行，列車 16 號車廂內有 2 個和式座位的寬敞雙槽式足浴槽，每次可泡 15 分鐘，一邊看車外風景一邊泡足湯。

文字整理 / 林祺錦　插畫 / 黃承緯

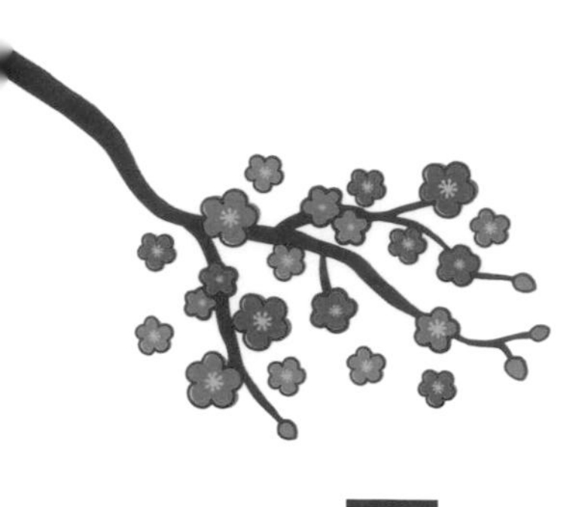

一起來創造我們的湯文化！

「台灣衛浴文化協會」2024 年邁入 25 週年，從創會初期擬訂名「台灣廁所協會」，當年僅聚焦提升台灣公共廁所水準，如今會務已兼顧「衛」（如廁）與「浴」（沐淋），且關注民眾衛浴之家教與教養，深入日常生活的文化底蘊課題。令我追思懷念創會吳明修理事長卓越貢獻，讚佩高瞻遠矚的協會取名智慧。

協會推展會務踏入「浴」選擇足浴，首先感謝學術委員會張良瑛主任委員，及主編群 – 許華山建築師、林祺錦建築師、李美慧老師等，戮力完成「足浴」專題研究，將原本屬於小眾的研究成果，轉型適合大眾的閱讀新書。

「阿孟，來洗腳手喔（台語）」– 撰寫序文時，腦海中突然憶及童年與祖母同住鄉下的「喊聲」。晚上入睡前洗腳手、早上起床後必如廁，家教養成我一輩子生活習慣，又譬如小學的晨間衛生檢查，手帕、衛生紙及注意剪指甲，也養成我一輩子生活習慣。這就是文化的力量，《一起泡足湯吧！》本書以文化觀點，圖文並茂解說足浴。

足湯的「湯」，日本漢字係指熱水，「足湯」意指將腳泡熱水。中文足浴的「浴」，意指洗身、洗手、洗腳的行為，含「沐浴」（浸的洗）或「淋浴」（站著淋）方式。因此書名的足湯就是足浴。

足浴場所，雖是小地方、卻是好場所，因為場所內有聲音就有生命，有生命的場所容易創生故事，有故事就能傳說、就是文化。終有一日成就衛浴文化，

非常期望我們能好好拓展足浴文化。所以，足浴的場合可以更加多元，無須侷限地熱溫泉風景區才有的觀光設備，而是轉念成為全民新生活習慣一環，從超高齡社會必須的安養長照機構，到房地產建設公司推案公寓大廈，公共設施項目亦可納入足浴。

《一起泡足湯吧！》內容包含忘憂、設計、氛圍之足湯三段式療癒，樂齡養生文化村的健康足湯規劃須知，社區式足湯的養生通用設計，以及足浴池空間改造相關設備建材知識，利用淺顯易懂的文字娓娓道來足湯設計要點。就內容硬體技術面，適合地景庭園設計提供創生採用新元素，建築師從事專業設計提供大公新思維，兼顧浴池定期水質檢測與提升維護公設技術...等課題。

就內容軟體經營面，本書適合台灣足浴產品廠商、城鄉各處腳底按摩店、足湯足浴店、溫泉區室內外的足浴場，提供經營者認識足浴歷史及保健新知，推廣全民健康樂活的新知。我更對該書寄予厚望，期待能推廣宣傳分享給更多人相關的足浴新知，無論對硬體營造及維管的技術，或軟體營運及使用的行為，做出有價值的最大貢獻。

2023年秋

黃世孟

台灣衛浴文化協會理事長

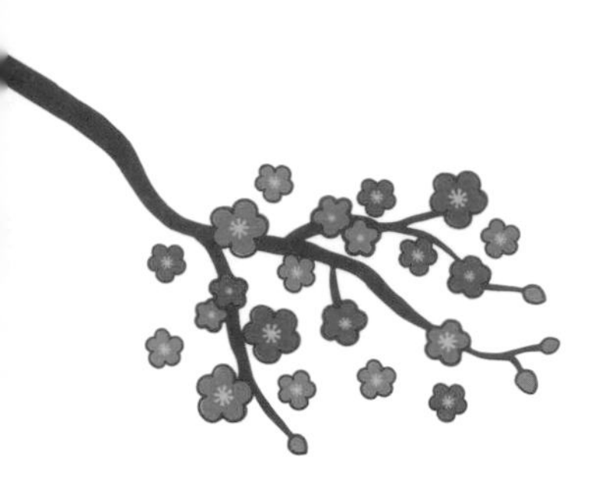

治癒世紀孤獨，來一帖最簡單解方——足湯

近幾年疫情與隔離措施長期發酵以及元宇宙所帶來的虛擬世界，使得人與人之間逐漸成為一座座孤島，僅剩下網路遙遙相連，因孤立而孤獨，使得人心受到前所未有的壓抑與考驗。

德國心理學及哲學家 Julianne Holt Lunstad，在發表研究孤獨與人的社會連結的演講中提到，孤獨感已成為本世紀的流行病，影響的範圍已涉及不僅僅是個人，而是遍及社會各個層級，無論是高齡、中年人或年輕人，許多人陷入孤獨感的暗流中，已成為影響人類生活與生存的巨大問題，但 Lunstad 也提到，我們每個人在此世紀孤獨病洪流中，要如何成為關鍵的最終解藥？......，因為「與他人產生連結被認為是人類的基本需求」。

用足湯治癒孤獨

如若孤獨是病，那麼它的解藥何在？不妨試試前人流傳數千年、簡單好用的方法，試著將雙腳浸泡在攝氏 38 至 42° C 的熱水中，水面高度至腳踝或膝蓋與小腿之間，泡個 15 至 20 分鐘，促進全身血液循環，泡到後背及額頭微微發汗即可，這時你會覺得肌肉放鬆了，緊張情緒被緩和了，剎那間忘記孤獨在哪。

為什麼泡足湯有這麼大的影響力？我們可以從日

▲ 日本足湯文化深入人群，不僅脫離觀光目的，融入社群鄰里，演化為人與人交流的空間。（許華山／攝）

本近來數個地震災害發現端倪，當災區一片荒蕪，受災居民失去親人財產房屋，整個受災區人心壟罩在絕望之中，NPO 志工想進入災區協助社區重生，日本政府同步展開志願者洗腳活動。

利用一個水桶將熱水倒入黑麥中，讓受災者在洗腳盆中做足浴時，和按摩的志願者或其他受災者交談。一個簡單的足湯儀式，溫暖而直入人心，讓萬念俱灰的災民願意開口訴說、讓孤獨失語的長者願意分享。也協助團體更能了解應如何利用救助資源來協助居民重建，因為對生活的信心是社區重建之基礎。

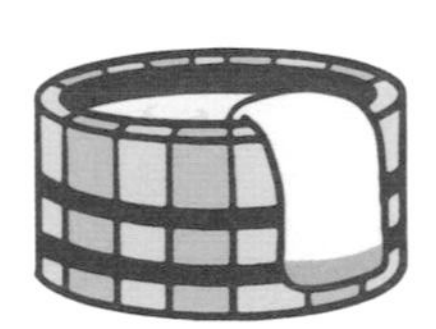

既養生又能與人交流互動的好良藥

換做日常，經過一天的疲累回到家，享受熱水洗禮，感受滿足而放鬆的小確幸，也能忘卻一切不愉快。當眾人在人數多寡不同的群聚型態進行足浴活動時，那 15 分鐘的泡腳時間，便成為一種人與人的溝通交流活動時間，透過溫暖的水的洗禮，減緩血液流速，放鬆情緒，提升副交感神經，降低人與人之疏離感，從冷漠保持距離到溫暖的語言互動，放鬆舒緩緊繃的社會心理壓力。

可想而知在目前疏離、高度壓力的現代城市中，足湯給予互動媒介，其場域構造相對扮演兼具交流養生活動空間。

▲ 修復仿明治時代的公共澡堂「山代溫泉古總湯」，成了市鎮泡湯文化中心。（丁榮生／攝）

日人把足湯變生活一部分

湯文化盛名遠播，自然不能不提日本。日本幾乎各地遍布溫泉，衍生出多元的湯文化，好比錢湯（公共澡堂）、溫泉浴與足浴等等，從中更形塑特有的湯禮儀。

它的公共足湯浴，不只在地居民連國際觀光客也趨之若鶩，一點也不擔心衛生品質，更不煩惱被陌生人傳染皮膚病等問題，原因在於他們做足泡腳池的過濾循環殺菌系統與嚴謹維護管理流程，更要緊的是，使用者遵循泡腳之動線序列及常規，早早透過生活教育和生活經驗傳遞的觀念，深入人心，養成足湯文化。

而日人對足湯的認知及應用，也進入生理照護養生及間接心理療癒領域，包括治療高齡者循環不良及失眠之問題；足湯更脫離以觀光客為使用者的概念，成為社區居民相互交流的重要設施，深入社區鄰里空間。

甚至在醫療養護、高齡照護與其他公共場域發展出了不同功能性的足湯空間及美學設計。好比在機場及健康或亞健康之高齡日照設施中設置足浴空間，讓人放鬆緊張的心情，進一步與周邊環境與人建立和諧之關係。高齡長照空間，公共足浴活動能幫入住長者，在陌生環境中逐漸建立新的人際關係，也兼具復健療癒效果。

打造一個台灣獨有的足湯文化

相較其他湯浴，足湯設備所需空間量具彈性，設備建置費用成本不高，維護管理上較簡便，借鏡日本，台灣或許能有自己獨特的、應用在社區營造的足湯文化。本書分析台灣目前公共足湯空間現況及規劃設計概況，拋磚引玉點出相對應空間因有的設計需求、設備配管建議，並藉由實際住宅基地案例中來審忖空間動線規劃及適當的互動空間尺度，模擬出符合台灣的社區公共足湯空間，作為未來公共足湯社區化設計參考。

說這麼多，最大希望是大家一起來泡足湯吧！

張良瑛
十方聯合建築師事務所主持建築師

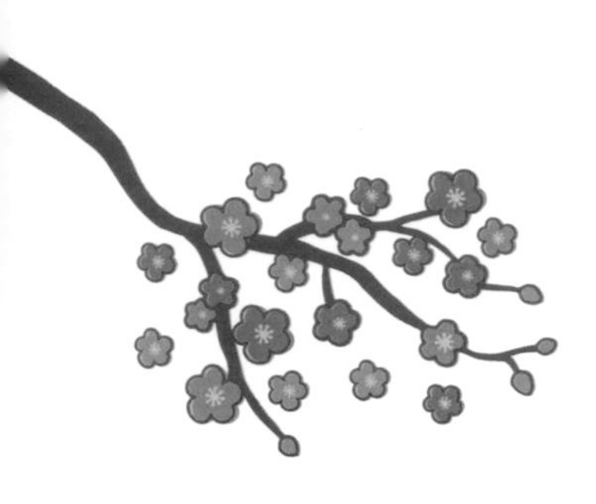

新全民運動，泡腳10分鐘增加御守力

人一生平均行走超過 17 萬 7000 公里，大約是繞台灣 188 圈，加諸在足部的總重量高達 1 億 8000 萬公噸以上。雙腳是人體重量的支撐，所謂「千里之行，始於足下」，為日常最容易疲勞的人體部位。

為何這麼說呢，相信大家應該經歷過，有時郊外爬坡，腳的疲累會讓人想按摩放鬆一下，有時即便遊走都市一隅，雙足背負的壓力令你想稍作休息，這時剛好看到有足湯的店家，心裏會有一股衝動想進去體驗，然後按摩腳和腿一番，累積的身體疲勞好似可以瞬間消失，精神氣爽，做什麼都變得有勁。但按摩的過程與力道，可不是人人能接受，年紀小的娃兒孩童甚至孕婦，會禁止按摩，反觀足湯，卻沒限制問題，全民皆可享受的運動健康儀式。

科學認證足湯防高血壓兼美容功效

牽一「足」則通全身，我們用科學來驗證。日本的《日溫氣物醫誌刊》文中指出[註1]，足浴時的自律神經機能變化與高齡者血液迴圈影響，實測年齡約 73.5±8.4 歲的高齡者與 25.5±3.4 歲的年輕人，預先稍坐休息 10 分鐘，將小腿放在熱水約 41.2±0.6° C 上下的熱水中，足浴 20 分鐘，測量鼓膜溫度、皮膚血流量、血壓和心率變化。

▲ 街道移行時，巧遇的足浴店，身體下意識認定足浴是接受放鬆的歡迎之印象。（李美慧／攝）

年輕人足浴時的耳膜溫度比老年人明顯升高，雙方皮膚血流量顯著增加，且年輕人的血流量大於高齡者。血壓部分，年長者比年輕人有明顯下降；反觀年輕人心率則是增加，但老年人沒有顯著變化。

以醫學角度來看，心臟自主神經功能異常，與心血管疾病在總死亡率增加上的危險性有相當關係，而當交感神經活絡亢奮，肌肉處於緊張結實備戰狀態，久了容易緊繃僵硬，足浴會讓血液暢通會讓身體舒服，獲得全身性的立即

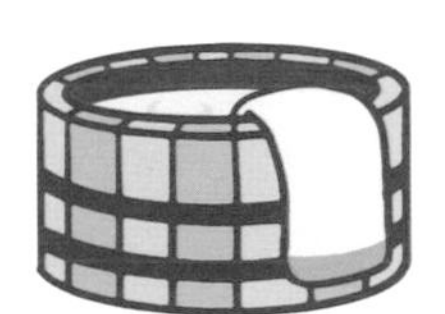

放鬆，也是預防高血壓、減肥美容、腦溢血、腦血栓等的保養良方。

不分年少老幼的懶人運動法

其實足湯所花的時間不多，用法也極其簡單便利，不用褪去衣服就能享受泡湯與療癒，是男女老少皆適合的保養運動。倘若年輕人談戀愛，遊玩行走後，可經由足湯獲得壓力、美容之解；對兒童來說，足湯安全性極高，相對限制少，還能夠兼具育兒長成的優質條件，遑論高齡者，更是心血管循環利於健康上之優化之養生選擇。個人則是回家淋浴沐浴洗去髒污之際，利用足湯來促進全身氣血循環，減輕身體壓力。

之於公共足湯場合，相比泡溫泉的裸身尷尬，足湯的社交行為顯得自由許多。

▲ 足浴所需的設備規劃比溫泉來得簡便，一池一浸，由「足」通體舒暢，療癒感十足。（李美慧／攝）

好的足湯空間帶來全民新體驗

足湯不僅全齡適用，更是不受場域所限制的居家之養生法。筆者走訪日本的足湯，明顯感受到足浴店刻意營造的個人儀式感：站著卸去身上的鞋襪，讓腳瞬間感受久未呼吸空氣的感覺，特別是行走很久，看到足浴時，身體下意識認定足浴是放鬆及歡迎之印象，隨即而來下足區的第一個空間領域，也是進入足浴領域範圍的引入。疲憊的雙腳，附著汗水與溫度之間，藉由淨水洗去，腳感獲得的二次解放在足浴場的領域準備就妥。

而浴池充盈著氤氳水氣，濕度與恰巧的溫度暖著雙腳，浸潤放鬆肌肉，待休憩一段時間，在木地板上走動，讓木地板自然地帶走腳上的溼氣，這是足浴的步驟。不過，足浴講求養生，必須得坐下來短時間的享受風景，同步腳足帶來的溫度，療癒的心情才能一起甦醒。

從中體會到日本的足浴以土足嚴禁（指拖鞋子），當赤腳感觸到自然材木質地、視覺景致等空間的分割界定個人儀式之間的步驟程序，足浴兼具身體與心靈之間的療癒，自然程序不失禮且享受自然。

公共足浴場，相較重視共有場域，友善地設置在容易視覺到達的位置，製造人與人之間在公共交流的重新定義，設計與管理上的安全防範並進，儀式中以空間引導行為轉為足浴步驟，筆者預設足浴的空間設計，期待著計畫與思維上的更不同的空間論點，或許日本的足浴場可讓台灣的足湯空間設計視為參考範例。

李美慧
淡江大學建築系專任助理教授

註1：整理引用自《日温気物医誌》第78巻2号2015年2月，美和千尋、島崎博也等人，「足浴時の自律神経機能の変化と加齢の影響」

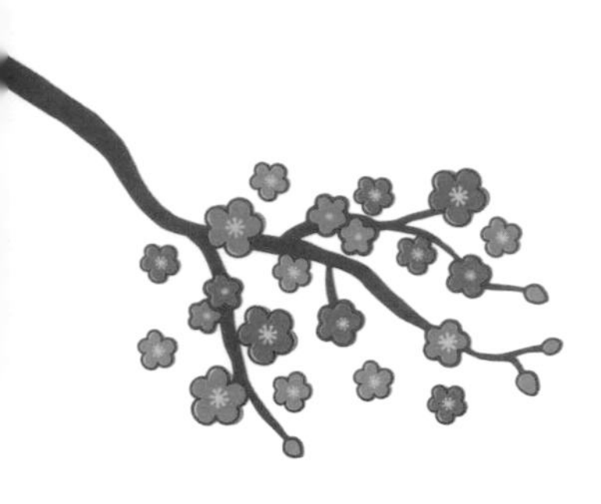

足湯微循環排毒，重啟健康新人生

隨著社會的進步，各種生活節奏的加快，現在慢性病也越來越多，在 1999 年到 2019 年短短 20 年間，我國國民高血壓、糖尿病等慢性病的發病率急速攀升。很多的慢性病，正在向年輕人靠近，為什麼慢性病越來越多？有研究認為，都與日常的行為習慣有關。人之所以會生病，與長期生活型態失衡很有關係，一旦飲食、運動、睡眠、排毒、性與月經失常，健康便容易受損，如果能重新調整生活型態，很多人便可藉此重新恢復健康狀態。

歐美人多半藉由運動鍛鍊體魄，台灣人則習慣用飲食保健強身。而我提出符合現代人生活型態與心態的「泰陽療法」，以重建微循環並且搭配健管師的生活照顧，擺脫不良生活習慣，重啟健康新人生。

「微循環」主掌身體運行

微血管遍布全身，當血流透過微小動脈進入微血管網，就會將養分送入，然後再從微小靜脈把細胞代謝後的毒素排出，這就是微循環的過程，也是身體保持健康運行最重要的基礎。如果把人體的大動脈假想成高速公路，這些微循環就如同一般道路、鄉間小道，一旦微循環不好，就如同偏鄉地區缺乏物資、又堆滿垃圾，這就是目前現代人身體中很多細胞的處境，當細胞活力不佳、功能不好，累積過多毒素之後便會引發各種疾病，其中也包括過敏。

微血管循環變差的主因在於有兩個，一個是心臟收縮與輸出量功能減弱。心臟是人體血液循環與心血管系統的動力來源，一旦心肌因病原體或化學毒素而受損後，心臟收縮功能便會減弱，造成某些微血管循環沒有足夠血液送達。二則是血液的流動不順暢，例如血液太濃稠，或是血管狹窄或是阻塞，都會造成血液流動不順暢。

要如何知道自己的微循環是否暢通，可以觀察 3 個指標，如果有其中一個徵兆都代表微循環不佳：

□ 手腳是否冰冷？
□ 睡眠品質不好或經常失眠（也可能代表微循環已經堵塞）
□ 不容易流汗

泰陽療法找回健康基礎

另外一般正常健康狀態下的汗是溫熱的，微滲出皮膚；其他病態的出汗，例如盜汗或是自汗，就不是微血管循環良好的徵兆，而是自律神經或是其他病因所造成的現象。

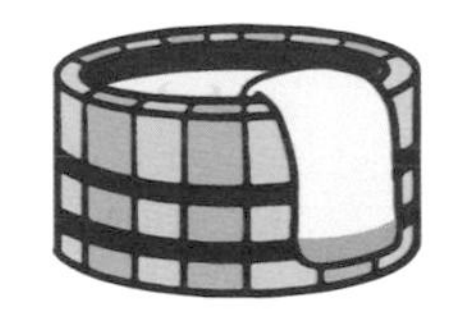

自律神經失調往往指的是排除其他器官的實質疾病之後，而有 3 個身體系統以上之症狀的情形。例如，沒有可診斷

得出的器官疾病，而有腹瀉（腸胃）、心悸（心血管）、呼吸困難（呼吸系統）的症狀者，我會將這樣的個案稱之為自律神經失調體質。

自律神經失調常於體質與性格之間，病人往往主訴以身體症狀為主。它的成因，有可能是作息不規律，也包括夜生活所造成的晝眠。夜生活的人，陽光的能量攝取太少，陰性的能量太大，且陽性的能量太少，而造成活力不夠，自律神經過於敏感。或是生活壓力太大，工作過於勞累、人生挫折或是心理創傷，這些也會造成自律神經失調。

出汗、蒸腳、泡腳幫助排毒素

微循環是身體「毒出能入」的基礎與關鍵，可以讓壞東西出去、好東西進來，微循環包括血管、汗腺，一個人的微循環如果良好，會容易出汗、手腳溫熱、睡眠好、腸道也會好。所以微循環的好壞，首先要出汗，流汗是人體最天然的排毒方式，所以如果不容易出汗的話，代表身體可能有問題，也代表微循環不佳。

那要如何打通微循環呢？運動當然可以，但我必須老實說，想要靠著運動打通微循環，不只需要很大的意志力，也需要特別挪出時間，而現代人生活、工作如此忙碌，想要靠運動打通微循環，大部分人都會半途而廢，而且也有許多人運動還是無法改善不出汗的問題。

所以我建議打通微循環的方式，還包括蒸腳、泡腳、泡澡、蒸氣室等等。因為雙腳是我們人體面積最大的器官，足足佔了身體的 1/3 以上，而且雙腳屬於末梢，所以毒素最常累積於雙腳，例如過去因為重金屬汙染所引發的烏腳病，所以，雙腳是最適合促進微循環的部位。

泡腳是最基本的簡單，最好要達到接近膝蓋處，另外我推薦蒸腳，使用專業蒸腳桶來蒸腳，能夠恆溫設定、精準控制溫度，就像在你的腳下安置了一顆大太陽，達到促進微循環的效果又快又好，再加上隨時都可以蒸腳，比較能維持長期的習慣，依照每個人的身體狀況不同，理想的方式是建議一天蒸腳 1 到 2 次，蒸到全身出大汗之後再持續 10 分鐘就可結束，希望效果更好的人則可以增加蒸腳次數，或是身體突然不舒服時，再進行蒸腳促進微循環也可以，沒有那麼硬性規定，蒸腳時也可以自由看書、喝水、看電視等等，重點是把毒素排出去就好。

所以，依照每個人的身體狀況不同，無論如何，只要持續下去，身體狀況終究是會逐漸好轉的。

黃鼎殷
奧微健康創辦人 & 再生診所院長

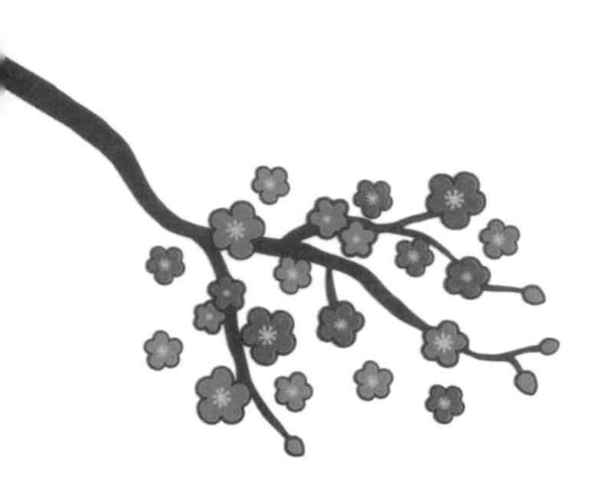

養生先暖足，足湯療法的前世今生

在現今的工商時代一提到足湯，很多人都會想到溫泉會館、養生館、三溫暖等場所提供的服務，但這些場所的服務並非以足湯為主，甚至連簡單的泡腳都沒提供，更因台灣氣候溫暖讓消費者並不熱衷這項簡單、方便且效果強大的養生方法。其實足浴療法的歷史相當悠久，可以追朔至幾千年前的中國，最早的文獻是晉朝《肘後備急方》至今已有幾千年的歷史。

老祖宗的智慧

根據考證，中國是足浴推廣最早的國家，當年足浴療法與針灸屬於「同根生」療法，其實就是近代盛行的自然療法中常運用的「全息理論」，根據足底對應體內五臟六腑的位置，觀察其顏色、肌肉軟硬、是否有特別的硬塊或結節等，進而運用溫熱、按壓等手法來緩解症狀的一種療法。

《黃帝內經》「足心篇」的觀趾法（一種透過觀察腳趾的診療方法）、漢代神醫華陀所著《華陀秘笈》的「足心道」（意指足底的學問）、北宋大文豪蘇東坡對足浴也頗有研究，常年堅持足浴及按摩足底湧泉穴，發現對身體有莫大益處，曾在文中提及「其效不甚覺；但積累至百餘日，功用不可量.......... 若信而行之，必有大益。」說明古人很早就對足湯與足部按摩有益健康有深刻了解。

中醫療法（包含足浴療法）後來因為封建禮教及女子裹腳等輕視足部健康的民風，影響了足浴療法的發展，特別是到了清末，這項中醫傳統的療法更因時局變動不安，一度在中國銷聲匿跡，幾乎失傳。後來建立新中國及改革開放，再次讓這項上至皇親國戚，下至販夫走卒都熱衷的養生保健方法，重新大放異彩。而台灣因為長年來累積深厚的中醫底蘊，加上近年來養生保健的觀念盛行，讓足浴療法再度被重視及推廣，進而產生許多足浴的服務、藥材及設備的開發。

中醫經絡理論認為，五臟六腑自足三陰經（脾、肝、腎）開始，踝部以下有 66 個穴位。在中醫看來，熱水泡腳等同用艾灸這些穴位一樣，有推動氣血運行、溫煦臟腑、健身防病的功效。而從現代醫學的角度，人體足部的溫度維持在 28 到 33 度 C 時最感舒服。老年人末梢循環不良，供給腳的血量減少，比年輕人怕冷，腳底受寒發涼，會使機體抵抗力下降，容易罹患疾病。因此，經常保持雙腳溫暖，經常持續地用熱水泡腳做足療，可使全身血液循環通暢，有利身心健康。

所以古人常說一句話：「富人吃補、窮人泡腳」，時至今日已成蔚為時尚的養生保健方法之一。

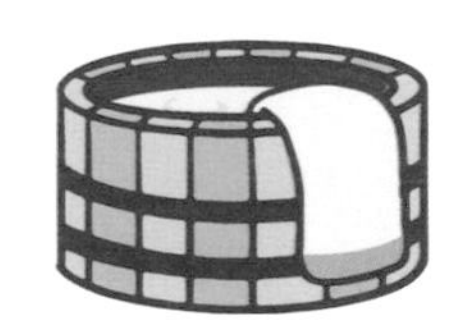

足是第二心臟

中醫學認為，人體有四根：鼻根、乳根、耳根、足根。鼻為苗竅之根，乳為中氣之根，耳為神機之根，足為精氣之根，早在古時候，人們就認為足的防病治病的養生保健作用，常把足稱為「人之根本」。西醫則把足稱為人體的「第二心臟」。據臨床觀察得出，頭腦清楚、步伐輕盈是健康人的特徵，而頭重腳輕、步履蹣跚則是病體之軀。因此從古至今人們都非常重視足部的保養與鍛鍊，足浴療法也成為不可或缺的養生方法。

心臟的主要功能是推動血液流動，以供應身體各個器官和組織的氧氣與營養，而足部是人體循環中的折返點，也是血液流經此處後又會重新返回心臟的必經之路。只是足部離心臟的距離最遠而且處於人體的最低位置，血液回流會有些困難，因此這時足部的神經、肌肉與血管等來發揮「第二心臟」的作用，幫助推動血液的正常運行。

腳暖了身體才健康有免疫力

在中醫理論中的「六淫」主要是指風、寒、暑、濕、燥、熱這六種外感病邪，其中寒跟濕有一個共同點，就是陰冷。而寒邪最大的特色是凝滯，它會造成氣血凝滯不通，以致肌肉、神經、血管等組織產生不同程度的收縮和痙攣，造成組織缺血缺氧，從而影響陽氣與血液循環。足部位於人體的下方屬陰，所以足部是寒邪最容易侵犯人體的途徑之一，故有「寒從腳下起」的說法。

當寒邪侵犯足部後，容易影響心臟，引起胃痛，甚至造成宮寒，從而引起月經不調、行經腹痛、腰腿疼痛等症。在1400 多年前，唐代醫學家孫思邈在《千金翼方》中就提到「足下保暖」的說法，至今仍被人們作為袪病延年的經驗法則，所以說想要不生病，重點就在暖足。

足湯搭配按摩效果更好

由於時代與科技的進步，各式各樣的促進足部溫暖的方法玲瑯滿目；但最方便及經濟的方法還是足浴療法。

簡單來說足湯療法就是泡腳，運用物理原理如：熱能、水壓、離子運動等，通常分為熱水浴療法和藥浴療法。熱水療法是透過水的溫熱和波動，對足部穴位進行持續刺激，暢通經絡、促進氣血運行、調節新陳代謝，達到防病保健效果；藥浴療法是指選擇合適個別病症調理的藥材，用水煎去渣後再兌入溫水，浸泡雙腳，藥湯在水溫的作用之下，通過皮膚滲透及黏膜吸收進入人體血液循環系統，從而達到防病治病目的。

而除了足浴之外，若能在足浴同時按摩相關穴位和反射區，更能對足部產生良性的刺激。足部按摩是一種調整身體狀態、緩解生活壓力的理想療法，它可加快血液循環、調節神經系統、改善睡眠。足部按摩沒有副作用，只要按摩伸手可及的腳部，就能產生療效。兩種相搭配，無疑是經濟實惠、四季養生保健的好法寶。

周坤學

理數齋中醫命理諮詢中心創辦人 & 中醫博士

一起泡足湯吧！

忘憂、設計、氛圍
足湯**三段式療癒**

如果泡湯是一種交流，那麼跟著建築設計職人們的腳步，可不止於聊「湯」，設計體驗心得是我們的「旅行應援」標配，一一說著它的心靈療效，看它的美學由來，深入了解足湯有多麼療癒人心。來吧，一起泡足湯。

A Trip to ASHIYU

第1劑

解憂足湯
佐天然景色治癒靈魂

本文圖片提供／許華山

日本以溫泉聞名，以致邊泡足湯邊享受自然美景是很自然而然的療癒美事。（丁榮生／攝）

旅行，是結束旅行的那一刻，開始。

多次造訪日本各地，往往在無意間織造最深的回憶。

走累了，路邊的無料湯池是一種享受；

為名勝特地慕名前來，也是另一種滋味。被治癒的是心。

------------ 帶路人 / 許華山

▲ 妻戀舟之湯屬於社區型公園裡的設施。

日本與台灣同樣都是島國，並且位處地震帶上。因為地形特殊的關係，造就有很多的天然資源，好比溫泉，各自都擁有很多不同礦物質的溫泉，也可以說除了文化外，就是愛泡湯者的天堂。

接下來分別推薦值得一去再去的解憂足湯，能登半島的妻戀舟之湯公園、日本和歌山縣的紀伊勝浦，還有位於嵐山入口的嵐電總站，送往迎來的候車大廳裡，設置了幾處連續性的足浴池，為旅人解憂。

泡湯小知識

日本露天溫泉紀念日 6月26日。日本露天溫泉626在日語的諧音，正好和「露天風呂」的讀音相近，在1987年由岡山縣湯原溫泉提出，把6月26日訂為紀念日。

knowledge

妻戀舟之湯主體是半開放式設計的木構造建築。

旅遊手札

妻戀舟之湯：無料

行旅補給：輪島朝市

輪島朝市，是日本三大早市之一，歷史可追溯至千年以前，200 多家攤商聚集於此，當時居民會在神社祭典時來此以物易物，換取魚類和蔬菜等食材。另外輪島也是知名的輪島塗漆器工藝的故鄉。

設計趣 A

妻戀舟之湯
欣賞七尾灣景色

▲ 坐在妻戀舟之湯，可欣賞到一望無際的海景，心情哪有糾結時候。

▲ 依稀可見地磚刻字，對捐助公園興建者致意。

▲ 足湯公園內地圖，記錄了和倉溫泉景點分布概況。

日本北陸地區的能登半島，這地方也因和倉溫泉（無色、清澈、無臭、強塩味、弱苦味、PH 值 7.8）而得名，所以有很多的溫泉旅館，也有溫泉池供遊客煮溫泉蛋，附近有一些小商店與小型超市有販售。

就在我當時下榻能登樂溫泉旅館的附近海邊，有個妻戀舟之湯，它是在社區型多功能的公園裡，是一棟木構造建築，位置被規劃在靠海之處，屬於半開放式，由建築物中間進入，感覺雖然三面圍閉、一面面海，但卻完全通風的人性設計。

利用海景放鬆心情

足浴前，必須先經過一段淨腳池，才能進入真正足浴區，它有兩區長形的池，溫泉一直循環著並排出屋外，而且溫泉有溫差，另外因為有屋頂，高度也夠，兩側可以坐下來，透過一排灌木叢與防風林，可以很舒服地邊泡邊欣賞七尾灣的景色。在妻戀舟之湯公園這裡三五好友，可以一邊聊天一邊足浴，好不快活，然後再一起看著夕陽，再回旅館用餐，其實是一件很棒的事。

紀伊勝浦
浦島酒店洞窟溫泉
舒適到忘了回家

▲ 和歌山的紀伊勝浦，是知名海景溫泉地之一，整座島都是溫泉飯店。

那一年，與幾位好友相約前往日本自助旅行，從名古屋進去，一路換搭數種交通工具（JR、巴士），非常有趣的旅程也難得，途中特別到伊勢神宮參訪，停留一晚隔天又繼續往南，前往世界遺產的那智神社，除此之外，也設定了幾個泡湯行程。

▲ 紀伊勝浦，典型日本漁村鄉鎮，有種台灣南部海港風情錯覺。

日本和歌山縣的紀伊勝浦，可以說是不少旅人奔向那智神社，以及本州最南端的知名景點串本町橋杭岩的中繼站，這裡很典型日本漁村的鄉鎮型態，像極了台灣南部與東部一帶風貌，非常的庶民又迷人，我很喜歡那裡的海味，或許跟我小時候在台南與高雄長大有關。

整座島都是溫泉酒店

▲ 前往的浦島酒店，有接駁船於 JR 紀伊勝浦車站附近的碼頭負責接送。

紀伊勝浦旁，面對太平洋的溺灣式海岸，聚集了許多溫泉酒店，有的位於島嶼或海岬上，像是浦島酒店（Hotel Urashima）直接佔據整座小島，為方便接送旅客，飯店多配有接駁船直接由 JR 紀伊勝浦車站附近的碼頭接送，往返離島與本港的交通還算便利。

浦島酒店分別由本館、山上館、日昇館和なぎさ館等四大建築體組成，彼此各有路徑串連，涵蓋 6 個溫泉大浴場，不僅如此，更擁有多個特色餐廳，連專賣店和便利超商也全進駐，來此泡湯一泊二食極為享受。

▲ 浦島酒店最為有名的是洞窟式溫泉，可以遙望太平洋。（Top Photo Corporation / Shutterstock.com / 提供）

天然洞窟足湯樂

這裡最有名的是由天然風化而成的洞窟式溫泉，其中最為人知曉的是「忘歸洞」與「玄武洞」。高 15 米、總面積達 1,000 平方米的「忘歸洞」，是受熊野灘強烈的風波侵蝕而成的巨型天然洞窟，它可以說是浦島酒店的靈魂！

之所以被叫做忘歸，是因為大正時期紀州德川家 15 代當主德川賴倫到此地的洞窟溫泉時，讚賞「讓人忘了回家」而聞名，真要在此泡湯，特別推薦日落時分從天然岩石洞穴中遙望遼闊的海岸絕景，最為壯觀。

靠近日昇館、直接在房間望下去就能看到的「玄武洞」溫泉大浴場，規模稍微小，雖然時時刻刻都有很多人在使用，總會找到可以安靜的角落慢慢地享受足湯樂趣。

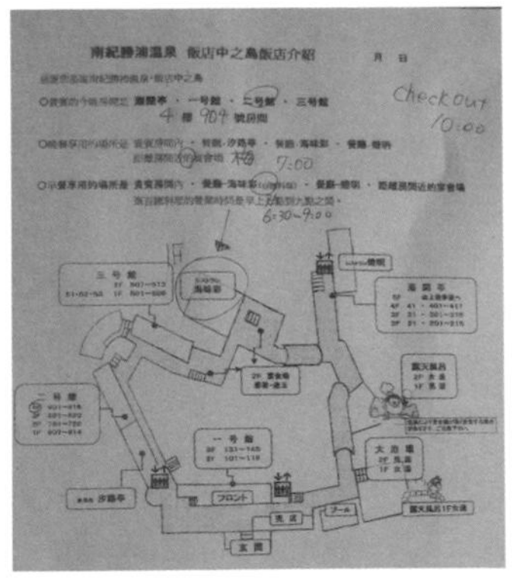

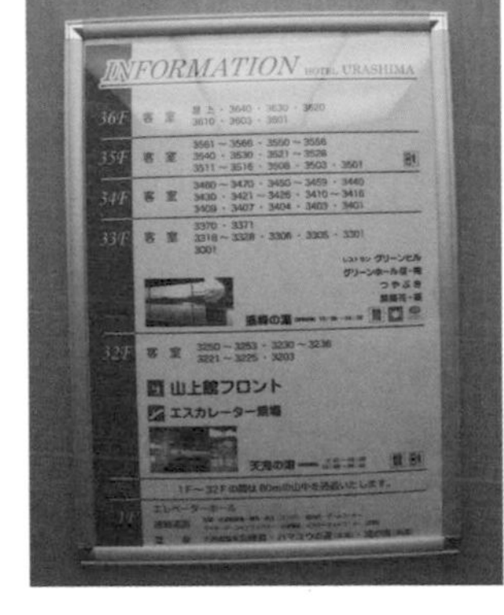

◀▲ 體驗不同離島溫泉旅館的湯屋設計，大開眼界。

愜意的溫泉鄉慢活主義

旅途幾天，之中分別投宿在兩個離島不同型態的溫泉旅館，也特別各住一晚，原因無它，主要是要體驗不同湯屋形式，真的開眼界了。

一天中午，從小離島溫泉旅館的碼頭，一行人正搭著交通船，往漁港碼頭的途中、也巧遇了兩位日本老伯伯，聽說一早就到離島溫泉旅館邊的海域捕魚，結束後準備回家吃飯休息。

想著如果哪天，我老了，我還能像他們倆，悠哉悠哉地過。

旅遊手札

浦島酒店溫泉：營業時間依不同湯屋而定，大致可分上午和下午至晚上時段，平時無公休日，逢12月末有盤點會休業，詳見官網 www.hotelurashima.co.jp

行旅補給：食鹽泉美人湯

浦島酒店的溫泉泉質是含硫磺的食鹽泉（塩化物泉），或簡稱為「鹽泉」，鹽分含量相當高，有殺菌及療傷效果，鹽分會在皮膚上形成如薄膜，防止汗水蒸發，保溫效果良好，是一款深受手腳冰冷女性喜愛的溫泉。

▼ 紀伊勝浦旁沿岸島嶼或海岬矗立不少溫泉旅館，標榜可邊泡湯邊欣賞海景。

設計趣 C

嵐山電車月台內泡湯圖的是瞬間解壓快感

▲ 來嵐山，怎能不試試搭小火車欣賞京都沿途美景。

▲ 在嵐山車站，有足湯供旅人泡腳洗滌一天疲憊。

▲ 嵐山車站內沿著圓柱森林長廊走，可找到電車足湯。

往往，在旅行中，有時也像個苦行僧，有時也像個爺兒們，總之，不必特別在意形式，就會有很多樂趣與驚喜。

日本古都京都，也是全世界遊客，一生中毫無懸念，總會探訪幾回的城市，有著聞名遐邇的世界遺產，多到無法一時半載朝聖完畢，就如：金閣寺、銀閣寺、龍安寺、三十三間堂、清水寺、平安神宮、花見小路通、鴨川、條條通...、嵐山，還有宇治物語......等。

京都東北邊的嵐山，亦有非常多的重要資產，如：天龍寺、渡月橋、竹林小徑、美空雲雀紀念館..... 等，還有舉世聞名的嵐山嵯峨小火車。電影「藝妓回憶錄」裡，其中的章子怡扮演知名藝妓橋段，穿著和服，坐在人力車上，穿梭在竹林小路間那一幕，真是美呀。

旅人洗滌心靈塵埃解疲憊的小確幸

說到足湯，不得不提嵐山電車總站月台內的大眾足湯。沿著 600 根京友禪布圖樣裝飾的圓柱森林長廊，走到底即是嵐山電車足湯，旅人們、三五好友們既可以一邊足浴，也可以一邊聊天，群體囔囔著，就算頂著疲憊的身體，但在歡樂中，慢慢恢復了體力，同時也等待著下一班電車的到來。聽日本老伯伯老婆婆們一起，哼著日本一代歌姬美空雲雀「愛燦燦」，一首豁達的人生歌，心情的起伏，也隨著電車總站內的大眾足湯溫度，波動了心緒，人生啊，好不快活啊！

▲ 在日本的電車月台，部分有規劃足湯設施，好比嵐山車站、湯野上溫泉站等，至於有無泡湯費依各車站而異。

嵐電足湯：一人 200 日圓含毛巾，泡湯區禁止飲食，結束營業前 30 分鐘，停止購票。

旅遊手札

行旅補給：嵐山的另類儀式感

依著渡月橋畔欄杆，吃起烤年糕串，望著遠處山林間的嵐山小火車，聽著岸邊湖上小船上，船夫哼著悅耳之音，是我覺得最愜意之事；沿著嵐山電車總站旁巷弄裡，找尋 70 年代風格的小餐廳，就為早餐，也點上 1 份白吐司 +2 顆水煮蛋 +1 杯熱熱的美式咖啡，心暖了；夏季裡，一口一口的嵐山獨有豆乳霜淇淋，坐上帥帥的人力車，穿梭竹林小路通，彷彿在時光機的間隔間隔中，與電影藝妓一同吟唱生命之歌；秋意濃般的天龍寺戶外的庭院裡，楓林楓紅片片，在黃昏夕陽的照映下，地紅了，人快活了。

足湯的 10 大好處

足浴與足部按摩不僅可以治療足部局部問題，還能治療全身性的疾病，並有強身保健的功效：

- **止痛：**透過刺激足部反射區使大腦中樞神經釋放止痛物質。
- **消炎：**按摩足部可增強肌肉組織的張力，改善血液循環，加快新陳代謝，可使有害物質迅速通過排泄系統排出體外，從而達到消炎消腫的目的。
- **調節神經的興奮：**通過刺激足部反射區，可抑制交感神經的興奮具有降壓的功效。
- **調節內分泌：**按摩足部反射區可調節內分泌，緩解許多因內分泌不正常所引發的身體不適症。
- **增強免疫力：**足浴及刺激足部反射區，可以增加人體的免疫力，對於呼吸道，皮膚，風濕，過敏等症狀起到緩解的功效。
- **排毒：**刺激足部反射區及溫水滲透的動作，可大量排出體內垃圾和毒素。
- **消除疲勞：**足浴能促進雙腳及全身血液循環，加速代謝，放鬆緊張的下肢及全身肌肉，進而消除疲勞。
- **改善睡眠：**睡前足浴可使下肢血液循環血流量增加，可使頭部血液相對減少，容易入睡，也就是中醫所說的引火下行，減少心火及腦火則能改善睡眠。
- **緩解肌肉痙攣：**臨床已證實凡跌打損傷引起的痛性痙攣、慢性類風濕關節炎引起的僵硬、小腿肌肉痙攣等皆能透過足療得到緩解。
- **緩解緊張和擔憂：**人們常因生活上的各項困難需要面對而產生壓力，若適時運用足療則可緩解緊張與壓力所產生的身體不適。

資料來源 / 周坤學

第2劑

療癒可以被「設計」
好的沉浸體驗帶來感官愉悅

泡（足）湯，會因為環境、空間設計讓感受獲得加乘作用。（林祺錦／攝）

足湯，溫泉變化的一種，

知道它的功效，

更不能不知道把它功效襯托淋漓盡致的設計，

一湯一設計，讓我們從腳開始愛自己。

------------ **帶路人 / 黃世孟、林祺錦**

▲ 2016 年日本 House Vision 展覽空間之一，由隈研吾、西畠清順與住友林業共同合作的「市松的水邊」類庭院設計，供訪客坐在這泡腳乘涼。（林祺錦 / 攝）

從休閒觀光到公共建設，足湯在日本生活應用相當廣泛，像是足湯咖啡、足湯餐廳、神社足湯、百貨公司足湯等等，無非利用足浴使人放鬆的特質，讓使用者調整安寧情緒，減輕焦慮。就連車站、機場、甚至是新幹線火車上，這些需要快速移動、人口密集的公共建築內部，因為足湯空間那原木的裝修、良好的景致、小眾群聚式的配置，令人邊泡邊調整過快的生活節奏。

有好湯也要有好設計，絕不是靠著泉水品質就能治癒身心靈，每個設計得當的足湯，是可以塑造出極佳的沉浸式體驗空間，讓感官獲得加倍滿足。

泡湯小知識

空腹、剛吃飽都不能馬上泡。和泡溫泉一樣，若剛用餐或空腹狀態，是不能泡足湯的。因為空腹血糖低，容易引起暈眩；吃飽時，血液大多會集中在消化系統內，建議餐後 1、2 小時後泡足湯，可避免消化不良。

knowledge

鹽原溫泉湯步之里
漫步檜木香走道

鹽原溫泉湯步之里為日本最大規模的足湯設施，其中亮點非全長 60 公尺的「足湯走廊」莫屬。由二組足浴池組成環型平面，每組 30 公尺長 1.5 公尺寬，整體建築一樓為 RC 結構，屋面及架構以松木及檜木打造。

▲ 鹽原溫泉湯步之里。（呂嘉和 / 攝）

▲ 湯步之里最大亮點就在環狀的檜木步道。（呂嘉和 / 攝）

避免潮濕
屋頂通氣口加強對流

內部共有六個不同足浴池，位在足湯走廊正中央的溫泉池「鏡池」有如鏡面反射天空與山景之倒影，四季各有不同景色，可靜坐浸泡，欣賞鹽原美景，也可邊泡邊行走，讓池底小石頭按摩刺激腳底穴道，15 分鐘後再起身，在散發著原木香味的木地板走道上緩緩散步聊天欣賞庭園景色，增加足部循環，頓覺腿腳輕鬆起來。

不過湯池木造走廊因水氣多潮濕，赤腳走路有打滑風險，空氣不流通也易引發呼吸問題，無論溫泉或足湯空間需注意通風對流，因此屋頂可加做通氣口增加對流。

湯步之里入園需知

每週四公休，遇國定假日改休翌日，入園費用高中生以上皆為 200 日圓。欲知詳細資訊請洽官網：yupponosato.com

本文 / 林祺錦

鳴子溫泉公園 從足浴到手浴 心兒暖呼呼

▲ 實際體驗下地獄源泉足湯樂。

參加為期 7 日的日本地熱考察團，一共參訪了宮城縣的鬼首、盛岡縣松川等 5 處地熱發電廠，藉以了解日本在地熱資源的運用，就把它當成是足湯設計的另一種考察延伸。這幾日住宿地點，泰半集中在溫泉旅館，也趁機體會日本溫泉區的產業發展特色。

行旅中覺得有意思的是那些散落在溫泉區各處的溫泉旅館，絲毫看不到此起彼落、凌亂拉線的供給熱溫泉水管線，基

▲ 現場觀察溫泉公園的管線、設施等如何安排規劃。

於不同地質特性，所產生的水質也各有不同，舉凡溫度、顏色、 PH 值及富含哪幾種微金屬礦物等，打造了各溫泉區獨特魅力，連該怎麼泡湯，都有其獨到之處。可見日本興盛的溫泉旅遊文化，非浪得虛名。

溫泉不只拿來泡湯 蔬果灌溉織染也行

若以為地熱溫泉僅能提供溫泉區旅館住宿遊客使用，那可大錯特錯，這趟行程著實感受日本地熱資源運用廣泛，沒想到可用來當伐木業暫貯藏倉庫的地熱乾燥設施（岳之湯），能用來做蔬菜水谷生態養殖工廠內的溫水噴灌系統（愛彩農場），甚至提供染色研究所的開創藝術作品等等。

不少公園內的公共設施也因此跟著受惠，拉管線引入了溫泉熱水，打造足湯共享空間。中途短暫停留宮城縣大崎市的 JR 鳴子溫泉車站，正好離車站 50m 處有一溫泉公園，恰恰利用地熱打造足浴場和手浴場，從引管、選材、湯池尺寸與空間動線等設計細節，一一考察湯泉規劃要點。

▲ 在鳴子溫泉車站不遠處，有一溫泉公園設有手湯足浴。

▲ 溫泉公設招牌寫著周邊設備遠近，下地獄源泉足湯名字頗聳動。

下地獄源泉足湯初體驗

足湯的名字也是有趣，下地獄源泉，只是泡個腳，會有如在地獄般的極致體驗嗎？對它更感好奇了。一先到足湯，開始埋頭研究，如何選址、該怎樣規劃空間與配置設備，固然要緊，但我們更在意足湯真實使用方式。

首先注意到足湯的溫泉水來源位置，它的輸水導管材料及方式，甚至貯水設備全是木製品，貯水長形木箱的長寬深度亦符合人體工學，最特別的是木箱上多加一根橫木條，可提供足浴者便利抬腳暫擺休息，便於毛巾擦乾雙腳，這也暗示著足浴池須兼顧合宜寬度。

當天正好有一對母女在使用足湯，了解到日人實際使用足湯的細節。團員們更哄抬同行友人乾脆實地親身體驗，當我坐妥橫木條板，雙腳伸入溫泉水中，水溫略高，但池底乾淨不滑，溫泉水有在流動，在此稍坐片刻，身心確實有被滿足照顧到，舒服極了。

當下有泡到足湯的，任誰都會舉雙手做出快樂幸福的招呼手勢，拍下此刻珍貴難得回憶。

▲ 足湯溫泉水管線怎麼設置，用料選什麼，有其規範，通常以木料石材居多。

想像長廊手浴雪景靄靄

因為鳴子溫泉冬天 12 月平均氣溫是攝氏 4.5 度，平均最低溫可來到 0.9 度，天氣之嚴寒的保暖妙方是保持手腳溫暖，或許是這緣故，公園有一長廊建築，裏頭設有手浴場，開始幻想室外積雪數尺，白茫茫一片的冬景，長廊型建築室內一群人，靜坐手浴場椅子，將兩手伸入手浴場的溫泉池裡，暖呼呼取暖，打開話匣子，這不也是幸福嗎！

團員們一個個看到手浴場，不約而同伸出雙手，一同感受溫泉暖流，暖了手也暖了心。

足 湯 手 札

鳴子溫泉公園需知

無料，開放時間為 7：00 ~ 17：00。地點就位在 JR 陸羽東線的鳴子溫泉車站附近，步行可到，旁邊亦有停車場，而鳴子溫泉車站是當地觀光勝地鳴子溫泉和鳴子狹的主進出口，車站外圍亦設有足湯手浴，有 2 種溫泉水質，中山平溫泉和鬼首溫泉。

本文、圖片提供 / 黃世孟

▲ 帶點弧狀長廊，採落地窗設計，讓戶外景色可以和室內共享，兼當泡湯後的休憩區。

▲ 公園內設置一棟可遮風雪的長廊型建築，室內牆壁貼滿溫泉區的觀光旅遊廣告。

▲ 位在長廊內的手浴場。

▲ 來試試長廊內的手湯。

泡湯小知識

日本地熱資源排全球第三。日本地熱資源造就溫泉文化與相關產業，其地熱資源總蘊藏量約 23470MW，全球排名第三。其中 79% 位於國家公園內，21% 位於國家公園外。多數地熱發電廠設在東北和九州地區，到 2021 年已興建近 90 座，裝置容量約 593MW。

knowledge

第3劑

情境氛圍夠桑
足湯懂撩才能舒解鬱悶

本文圖片提供／張良瑛

在日本，公共足湯成了社交最佳場所。（呂嘉和／攝）

暖心的交流空間，足湯絕對入選！15分鐘的泡腳時間，是一種交流，建立了人與人情感之連結。足湯更是城市社區節點佼佼者，氣氛營造得不夠好，設計再怎麼宏偉浮誇，都不足以療癒人心。

------------ 帶路人／張良瑛

▲ 北投泉源公園為永續利用環境資源，藉當地得天獨厚的溫泉，擘劃無料的泡腳池園區。

印象中的日本，只要是有溫泉的地方，就會有足湯，造就溫泉村魅力特色之一，有湯就有人流，帶來經濟效益，相對各個人潮群聚場合，舉凡公園、公車站、商店街、溫泉山區，便跟著衍生公共足湯空間可能，對在地人來說，是日常社交場所，對外來的而言，趁著聊天泡腳短暫放鬆時刻，有片刻接觸當地人生活機會，在小型城市中扮演著城市社區節點功能。

不過現在的公共足湯，不一定得發生在溫泉地，經由熱能燒成熱水，也能替代，足湯設備的方便性就在這兒。但設計得再怎麼美麗、再怎麼創造話題聲量，無法得「人心」就不是好足湯。關鍵出在氣氛營造不到位，無法誘導出舒適質地。環境的雅、清、緻，是基本，能否配合泡腳當下的放鬆氣氛令人愉悅舒適才是評點標準。

一起就近看看台灣北投人氣足湯名勝，找出設計蛛絲馬跡。

泡湯小知識

北投石。真的是用台灣地名—北投來命名的礦石，這是由溫泉結晶的礦石，目前世界上只有台灣北投溫泉和日本秋田縣玉川溫泉才有產出。

knowledge

北投復興公園
街邊小森林養生社交

北投，昔日為巴賽族北投社（巴賽語：Ki-pataw，意為「巫女」）之地，因其以長年溫泉氤氳繚繞充滿神祕氛圍而得名。如今說起北投溫泉，已和地方文史及社區生活結合而成為重要場景，自有它魅惑風情所在。

▲ 北投復興公園在街邊人行道旁設置溫泉足湯池。

更拜台北市交通便利所賜，輕鬆搭乘捷運淡水線，在新北投站下車，出了捷運步行約 5 分鐘就到達附設於復興公園與北投市街邊的溫泉足湯池，從街道上就可以望見三五成群在挑高 5 米之大型木樑結構斜屋頂亭下，共同泡足湯蒸氣繚繞的景象。

▲ 復興公園湯池共 2 大 1 小，座位採一體成型設計，非獨立座位。

國人愛泡到膝蓋
街邊湯池為此改良深度

因為位置便利可及性高，是北投使用度較高的足湯池。按理，北投多數住宅大部分配有溫泉設施管線，想要泡湯，在家觸手可及，不過仍有當地居民前來泡湯，為的就是社交與人交流，遠道來的，或許求養生，或許純為一場小旅行，無論熟悉與陌生，大家聚在一起，人心便有流動交談可能，況且復興公園

▲ 復興公園湯池儲物櫃採開放式，側邊特地規劃輪椅停放區。

湯池就在街邊，2 大 1 小足湯池，最多使用人數可達 40 至 50 人左右，每逢下班與晨間運動時間，人潮最多，遑論假日還有外來遊客，讓街邊足湯池好不熱鬧，是非常理想的社區足湯地點。

▲ 考量通風與隱私，復興公園湯泉池採高聳的木樑結構斜屋頂亭，側邊半開放式格柵壁屏保持通風。

復興公園足湯池與一般湯池深度不同，主要考慮到台灣在地居民偏好泡至膝蓋關節，所以加深湯池深度，水深 45cm，池子做 15cm 降板，湯池中的座椅高度設定在 50cm，旁邊設有溫度告示。另外考量多人使用，光開放式儲物櫃便有 100 單位好放置隨身包與鞋子，前後二處淨腳區，不怕人潮擁擠，同時顧及無障礙動線與輪椅停放區，滿足不同族群需求。

三面環抱像在森林泡湯

足湯設計以開放空間為主，採懷舊木構建築，連結復興公園形成三面環抱綠意，視覺可延伸到公園植栽造景，恍如在森林中泡湯，讓人在泡腳時自然非常放鬆；主建築結構是高聳斜屋頂，通風良好，無須擔憂過多人潮與溫泉蒸氣影響空氣品質。

泡湯小知識

定期派員抽驗溫泉水品品質。根據統計，復興公園泡腳池每日平均使用人數 1100 人，比泉源公園及硫磺谷泡腳池每日平均使用人數約 400 人使用率高，所以每日休園後和週一公休期間會以漂白水稀釋後刷洗池體，進行消毒。更定期水質檢驗，總菌落數每 1mL 池水量應低於 500 CFU，大腸桿菌群每 100mL 之含量應低於（含）6CFU。

knowledge

設計觀察手札

動線乾濕分離可以更好

透過北投復興公園的現況平配圖，大致可了解湯池設備的動線走向，為滿足主要的使用者 —— 中老年人與家庭團體，足湯設備堪稱完善，配有鞋櫃與二處淨腳區，便於多人使用，且淨腳區做到無檻設計及水龍頭高度分類，友善不同年齡使用者，甚為細膩。但動線規劃方面還可以多思考乾濕分離的重要性，在使用安全上更有保障。

- 大池人數約在 30 人上下，採連續性座椅，較不容易保持一定距離及控制泡腳人數，所以造成水質不易控制。若須離開足湯池容易打溼椅面，影響鄰近使用者。

- 因區位規劃未考慮使用動線，使用路徑混亂導致地面無法乾濕分離，淨腳區離泡腳池及儲物區稍遠，未區隔洗腳前後地面材質，有鞋櫃但未設置脫鞋區鋪面，不易保持腳的乾燥。

- 未考慮合理泡腳動線程序，進出水池與洗腳區動線交錯造成無法維持泡腳池水質品質。

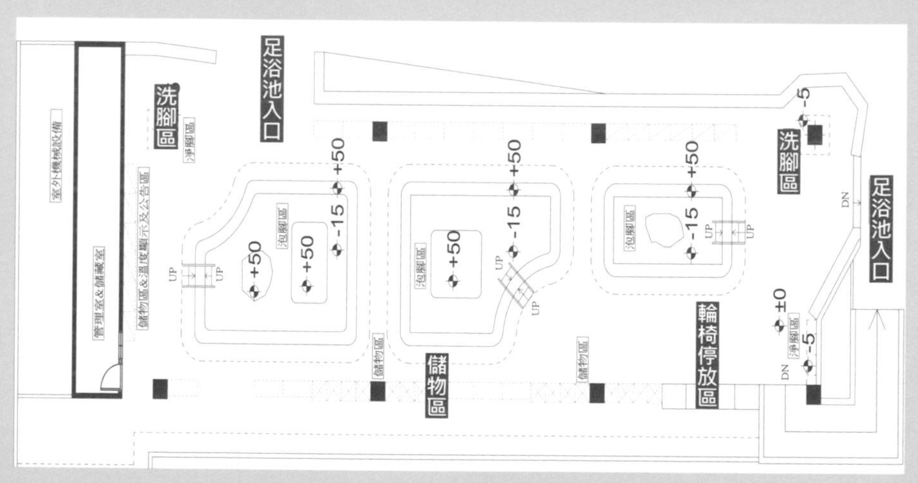

▲ 北投復興公園足湯池平面配置概況。（十方聯合建築師事務所 / 提供）

北投泉源公園
降板足湯欣賞山城美景

▲ 泉源公園泡腳池地勢依山坡興建，地點較為隱密。

▲ 泉源公園泡腳池園區，位置在綠帶公園末端。

老北投因是個依山而建的山城，溫泉遍布，擁有陽明山後花園及源源不斷的水源，是台北市最有特色的城區之一，因此和日本溫泉與常民生活結合之小城社區有雷同的風貌。這裡要介紹的泉源公園足湯泡腳池，便位在綠帶區端點及市區道路交接處，在新北投捷運下車後需要轉搭巴士 230 或小 28，或沿著泉源路步行可達。

與復興公園湯池不同的是它的位置在綠帶公園末端，水池沿著道路及綠帶配置而顯得綠意盎然而有層次感。

湯池洗腳區增添趣味設計
提高民眾使用度

泡腳區部分露天，部分使用單斜原木屋頂涼亭式構架設計，洗腳區則設置懷舊手動水井打水泵及無崁洩水，增加了洗腳區趣味性，提高泡湯興致。池邊座位大約供給 20 至 30 人使用，不過因為是帶狀式湯池，採連續座椅，較難控制入場人數，當人潮一多，大家爭相入座泡湯，不易保持社交距離，過度密集成一排，反而使得相互交談私密性降低，氣氛往往靜默互動不多。

設計觀察手札

少了便利使用的貼心舉動

泉源公園足湯池不若復興公園大眾性高，更偏向社區型體驗，或許地處坡地地形，並未考慮無障礙設施，但最大問題無非乾溼分離動線以及設備配置的便利度與合理性。

- 因為是降板湯池，須蹲跪後坐下才能把腳放進水池，對老年人、膝蓋不好的人而言較不方便，容易發生危險。

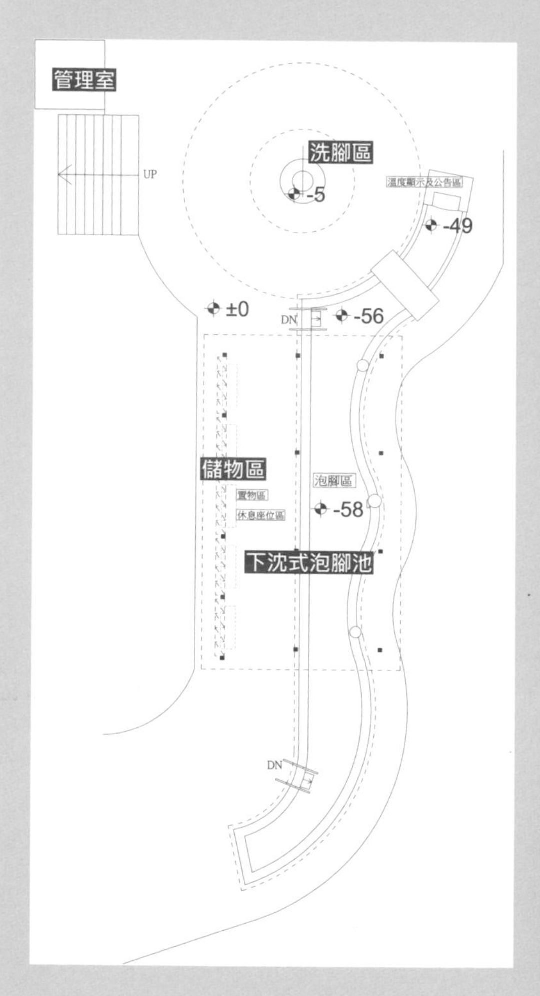

- 帶狀足湯池只有兩個出水口，又池子屬長條狀，不易控制水溫，其中一個出水口恰好在座位區下方，使用者容易燙到。
- 大家全集中一池泡腳，水質難保持乾淨。唯一可取點是座位為原木較不易受到溫泉腐蝕。
- 泡腳前後和洗腳進出皆使用同一路線，自然無法維持洗腳後腳部清爽乾燥。再者，淨腳區、泡腳區與入口動線重疊，有衛生疑慮。一字形的配置且將洗腳區設在一端，使得泡腳前後需沿著池子來回行走，而走道與休息區重疊又顯得較緊迫，反觀環形或圓形的水池較能形成單向循環式動線，讓人回到原點洗腳穿鞋而比較不會造成混雜。

◀ 泉源公園足湯平面配置圖示意。（十方聯合建築師事務所 / 提供）

▲ 半露天半涼亭構造，民眾可依氣候自由選擇泡湯區。

降板式足湯
視線舒適好延展

在北投泡湯，可以跟著綠蔭走到哪泡到哪，泉源公園地理環境算是當中屬較陡之山坡道路下邊坡，較具有私密性。

整體足湯空間考量到周邊條件，採用降板型湯池設計，池底降板 55cm、水深 35cm，讓視覺上不會受到座椅阻隔而較為開朗，與景觀較為融合，泡湯者得以好好欣賞綠意美景。

泡湯小知識 knowledge

世界唯二的青磺泉。溫泉泉水大致分碳酸氫鈉泉、碳酸泉、食鹽泥溫泉，以及硫磺泉，其中的硫磺泉又概分成白磺、青磺與鐵黃。青磺泉屬強酸性，PH 值在 1 至 2 左右，泉色無味，透明中帶點青色。目前只有日本玉川和台灣北投才有。

硫磺谷泡腳池
休閒帶狀式足湯人氣旺

硫磺谷泡腳池如其名，位於硫磺泉出磺口景觀園區內，可搭往惇敘高工巴士在大同之家下車，進入園區後沿著步道觀賞黃色硫磺口噴發水霧蒸氣及美麗的藍綠色硫磺池後，才進入泡腳湯池區，將泡腳池與硫磺噴發的景觀相連，十分能激起遊客嘗試泡腳動機。

▲ 硫磺谷泡腳池結合硫磺噴發景觀，帶動遊客進入泡湯體驗。

一大一小抬高型湯池多元滿足

就整體性來說，硫磺谷泡腳池是較精簡的設計，但設備充足完整，有男女廁所及休息區，水池上方都設有木構屋頂、洗腳區與休息區，並且水池以帶狀水池規劃。

▲ 足湯採一大一小抬高式湯池設計。

一大一小的抬高式湯池，分成扇形與圓形，坐位水池池底降板 19cm、水深 50cm，水池邊高度 35cm，好容納多人使用，同時縮短水池長度。若想小群聚（家人或朋友）使用湯池，圓形足湯座位因座椅寬度過大不易跨入，倒是可列為選擇。

▲圓形湯池適合小眾群體使用。

對登山客而言，在優質的白磺泉水中泡腳的確是一大享受。對喜歡泡到膝蓋的足湯客，更是最佳地點，因該設施水位較高也可泡至膝蓋。

動線方向辨識弱

硫磺谷泡腳池是較精簡的設計，但設備充足，不過台灣公共休閒足湯設計老毛病，還是在動線配置缺乏通用思考。

- 淨腳區位於泡腳池中心及寬走道上，方便使用。但因未規定單向行進方向，使用者來回繞行水池找入水點，使得乾濕及動線難以區化。
- 大水池採 S 形，及繞柱配置水溫不易均勻流動，冷熱差異大，使用者常要換位走動，使動線混亂，較不易保持水質穩定。

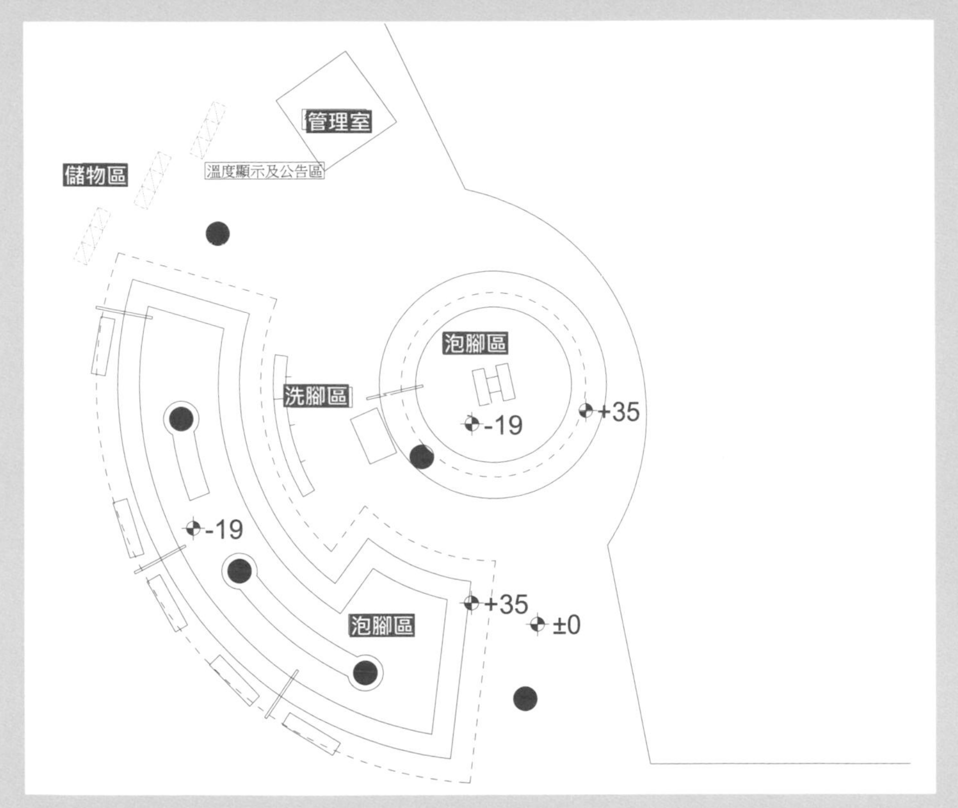

▲ 硫磺谷泡腳池平面配置示意。（十方聯合建築師事務所 / 提供）

愛上足湯，不分男女老少！

樂齡養生文化村
健康足湯規劃須知

休閒觀光地區、公共建築或社區公園的足湯設施可以配合休閒及趣味性，加入許多設計主題顯得多采多姿，但針對養生村與長照機構的足湯空間，必須顧慮到長者們面臨陌生環境的心理孤獨感，還得考量他們使用便利性。即便不是樂齡族，現在流行的養生村社區，為讓一般民眾便於使用，更該注重無障礙通用設計。

ASHIYU Design for Elderly Life

條件 1

工欲善其事 先列出樂齡族的身心需求

本章節圖文/張良瑛

與其從年長者角度出發，不如以樂齡態度來看待足湯規劃，擴大使用者廣度，將行動不便和弱幼族群納入，這時的足湯設計，便不似休閒商業用途，側重在視覺感官體驗，反更加著重他們使用上的便利度，以及在環境與心理上的細膩互動表現。

從生理角度剖析，高齡者因行動體力、耐力、握裹力，及膝蓋關節靈活度、甚至視力所涉及之層面，對足湯池各部分尺寸設定、光線照明、色彩搭配與材料計畫都有一定程度影響。在心理上，會因高齡甚至行動不便者，他們的人際關係建立與互動方式不同，有賴透過硬體設施及空間規劃來導引使用者，將泡足湯視為生活養生之一環，進而開啟與人交流對話。

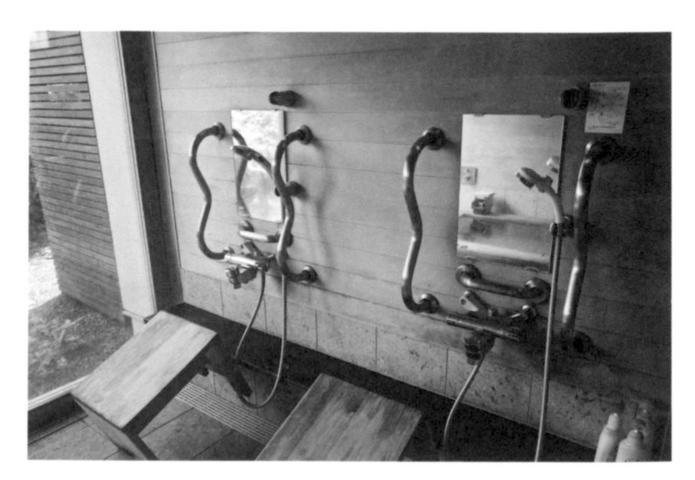

▲ 參訪日本介護之家，其澡堂泡湯設施的尺寸設計均按長者使用習性與生理狀態調配。

▲ 日本介護之家的澡堂泡湯設施規劃，或許值得我們借鏡推廣。

▲ 樂齡養生村需照顧到全齡需求，相對一些公設得評估合宜設計，圖為示意。（呂嘉和 / 攝）

生理輔助設備與空間尺度的治癒校正

需求① 移動便利性：湯池間的距離和座位，要讓行動不便或高齡者方便移動或側移，設計者必須了解高齡與行動不便者身體上活動困難之處。

需求② 乾濕分離動線：沒做好乾濕分離，地面溼滑容易打滑，地面用材選擇太過粗糙、磨擦力太大也容易造成碎步移動之高齡者有摔倒危險，控制適當的地面止滑係數才能避免使用者在足湯池造成挫傷、骨折等傷害。

需求③ 無障礙空間：老人、小孩、孕婦、推嬰兒車的母親可順利進出，留設輪椅及其它輔具適當放置空間，以維持主要動線能進出順暢。

需求④ 池水溫度恆控：研究顯示足湯溫度建議在 40℃ ± 2℃，讓腳浸泡變暖才會發揮適當療效，不只對年長者有幫助，腦部受損或重度身心障礙兒童的健康維護與復健上，對激活交感神經有顯著之效果註 1。

需求⑤ 水質控制：應使用循環過濾設備維持恆常之池水品質，避免滋生細菌，造成反效果及負面印象。

註 1：第 67 卷 第 6 號　-. 2008 (885 - 889) 足湯對重度身心障礙兒童的効用研究 第 2 報：心率波動頻率分析等檢討　根　康代 1), 小枝　達也 2)

建築空間設計除了顧及環境影響，亦須考慮到使用者的身心層面。（許華山／攝）

填補心理精神上的慰藉校正

一般來說，隨全球高齡化趨勢，長期照護機構設置已十分普遍，對年長者生理上的生活照顧是機構基本功能，而精神層面的照護才是該重視的議題。

一些因特殊原因入住長照機構的人也一樣，因孤獨無援，彷彿被社會邊緣化，導致內心壓力倍增，在照護上，機構自然希望居住者能夠儘快融入陌生環境，與周邊其他入住者、志工社福人員順利建立人際關係及地緣歸屬感。

我們可以試想入住長照機構以亞健康高齡者為主，會因其生理上自理能力程度不同而有不同的心理狀態，往往能夠自理的長者常成為被忽略照護的一群，長時間下來會表現出退縮、拒絕溝通及負面情緒；無法獨立行動之長者因生理困擾影響生活自主能力，需依賴旁人協助，長期下來也會對人際關係感到卻步，逐漸走向消極面對生活。

在日本長照機，為什麼足湯池幾乎是必備設施，原因無非是它那強大的對生心理上的舒緩功能，滿足入住者需求。

需求① 緩和焦慮：剛入住時，容易產生被拋棄感，以為自己被拘禁，頓感無力無助，甚至認知功能出現退化，漸變憂鬱、焦慮症。

需求② 增進環境認同：面對陌生環境與不熟悉的人，會自覺被孤立，對周邊不信任感日漸提升，進而使心理影響到生理，產生失眠、焦躁等現象。

泡湯小知識

knowledge

泡湯進行中忌喝酒。在泡湯過程甚至泡湯前，不太建議飲酒，避免血液循環過於激烈反影響心血管疾病。但足湯的限制並沒那麼嚴厲，一些觀光景點還有「酒促」呢！像是日本新潟岩原溫泉的光雲莊，推出邊泡足湯邊小酌服務，自家生產的酒品的原生用水自然是溫泉水打造，想邊享受溫泉蛋更不是問題。

條件 2

高齡者居住安心尺度
氣氛＋環境設備安全感至上

由於高齡世代，養生與日常照護療養蔚為設計主軸，養生文化村（社區）建設近來備受重視，其構成指標包含文化藝術養「心」，自然保健醫療「養」身，活動社交「養」鄰，提供高齡者活動及訓練、一般醫療及照護、運動休閒等綜合性服務設施與配套服務。

而足湯可以成為連結入住高齡者與全新生活環境的重要介面，藉由足湯調整睡眠及增加高齡者血液末梢循環，同時與其他人在泡足湯中近距離交談，有心理上舒緩療癒效果。促進高齡者間、及高齡者與親友訪客之聯繫交誼之功能，有積極正面作用。

這些有賴空間規劃細節誘導使用者產生一定程度影響。但並不是靠密集、熱鬧才能有社交效果，而是湯浴環境從空間尺度的安排到材料照明選擇，須提供使用者相對的安全感——氣氛的安全感，環境設備的安全感，進而梳理心理緊張，人才得以放鬆戒備。

▲ 足湯浴扮演人與人之間、與全新生活環境互動連結緊密的關鍵介面。（林祺錦／攝）

設施建材安全性
享受足湯樂不打折

因應高齡者體適能，對痛覺溫度感知記憶與判斷力漸漸退化等生理現象，對長輩使用的足湯設計，更要謹慎為之。舉凡防滑設計、座椅高度、扶手把手設置、上下坡道無障礙設計、光線照明控制、色彩計畫都有其對應之道。

為了年長者安全性，建材用料及設施使用上安全一樣重要。好比在需要轉換動作或姿勢之空間，如上下、彎腰、跨越、坐站等，因身體動力作用會產生額外分力，這時相對的材質、輔助扶手、欄杆等高度位置有其規範，才不致高齡者因足湯活動而受到損傷。

適當位置設置之扶手及欄杆：身體移動時容易失去平衡，在適當位置提供扶手欄杆輔助，高齡者使用時

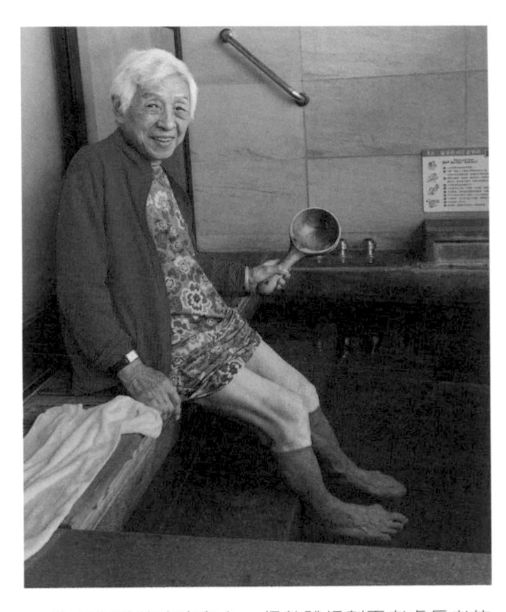

▲ 泡足湯雖能療癒身心，但整體規劃需考慮長者使用上與感受上的安全性。（黃世孟／攝）

泡湯小知識

總菌落數及大腸桿菌群。總泉水生菌數檢驗內容，以總菌落數及大腸桿菌群為微生物觀測指標。大腸桿菌每 100mL 取 15CC 為一單位，共 5 支進行培養，不可出現陽性反應，生菌數在攝氏 37 度下培養 24 小時，每 1mL 不得超過 500 個。

knowledge

更加安全，進而產生安全感，會願意進一步獨自來使用，但其尺寸及位置就顯得重要了！（詳見 P · 082）

座椅把手要好握且防滑防刮傷皮膚： 扶手把手材質要平滑，其斷面直徑在 1.5”（3.8cm）左右，一般以金屬不鏽鋼或鋁合金材質容易清洗，但冰冷握感不佳，可用塑鋼代替。

地面平順且選止滑鋪面防跌倒： 足湯池會造成濕氣、影響行走，相對地面過於平滑，赤腳走路的摩擦力不足，會增生滑倒機率，注重乾濕分離之外，地面得保持平順，少起伏蜿蜒，讓行動不便或年長者難行，這個觀念即使在規劃個人或家庭足湯空間也十分重要。

地快乾型地面材可減少打滑機率： 地面潮濕難乾，恐滋生細菌，滑倒機會大增，所以泡腳後離開湯池時需盡快讓足部乾燥，地坪選粗糙面石材或是抿石子材質，好吸水，腳快乾。

減少有害物質揮發： 需注意水池使用的防水劑是否無毒及其耐熱程度，避免水溫過高時，透過皮膚接觸而吸收到有害物質，反而適得其反。

水質檢測替換讓健康無憂： 大家對泡足浴感到疑慮，衛生是主因，深怕「洗腳水」匯聚，成了細菌溫床。倘若定期檢測水質，維護消毒，用水過濾系統做得好，加上泡湯前能洗淨雙足，養成好習慣，足湯其實是安全健康無憂的活動。

設計觀察手札　樂齡養生村設計原則

- 具備特色的渡假式環境。
- 兼顧可同時對外營運設施之公共設施設置計畫。
- 具備生態永續健康之環境規劃。
- 控制空間及設施之間步行距離在 300 米內，及配套輔具設備。
- 視覺及移動無障礙設計。
- 考慮外來訪客提供多層次內外轉換空間及服務設施。

以上資料整理自江蘇鳳凰科學技術出版社《特色養老》

不眩光柔和照明計畫
體貼年長者備感窩心

考量長者眼睛角膜隨年紀增長會增厚造成曲率變大，導致屈光力發生變化，視覺敏感性跟著降低，瞳孔變小，對光的反應敏感度漸弱，因此空間的照明中應特別考慮高齡者眼部疾病所需不同光照度。

照度：高齡者在公共區域較一般人需要更高的照度，約為 1.5 倍，建議不低於 200LUX，若是洗腳區應在 200 至 400LUX，換鞋區 200 至 250LUX。

色溫：不同色溫帶來不同感受，最適宜年長者光線色溫值，公共區域需在 3000 到 3500K 之間，且要注意避免眩光照射。

如此一來，空間計畫既能滿足長者生理變化需求，亦能達到心理上溫暖舒適之效果。

▲ 在日本依各地區衍生特色溫泉湯文化，甚至成為生活一部分，圖為造訪加賀溫泉山代溫泉古總湯，發現當地會將菖蒲待開花後把莖割下，拿來祭典除厄浸泡洗滌。（丁榮生 / 攝）

泡湯小知識 knowledge

KAKEYU（かけ湯）。泡湯前須先沖澡將身體洗乾淨之後，會有澆溫泉水動作：KAKEYU（かけ湯）。從離心臟最遠的部位開始澆，慢慢讓身體適應溫泉溫度，像是暖身動作，這樣一來，下湯泡溫度較高的泉水時，身體才不會受過多刺激。

條件 3

無障礙通用措施 給有需要的人一個方便

博愛座過去被狹隘地視為老弱婦孺才能坐，現在將定義放寬，看成每個人都有需要時的緊急備援，面對泡足浴，也一樣，或許我們將來有天會成為年長者，亦或許在尚未到來那一日，我們可能短暫成為有特殊需要的族群，可能要依靠輪椅，可能要推著推車幫助某人進入場所，預設到這些狀況，足湯空間無障礙通用設計需處理的更上心些。

一般足湯池公共空間或養生村以通用設計為依歸，讓一般大眾無差別地自由進出、方便使用，若長照、肢體傷害物理治療及心理輔助治療是主要對象，則需在規劃時納入無障礙設計。

泡湯小知識

泡湯頭上放濕毛巾。日本人在泡溫泉時，習慣在頭上放毛巾，這是為了避免進入溫泉，身體受水壓影響，整個血液往頭上衝，造成頭暈現象，放濕毛巾可以幫助降溫冷卻頭部。不過，冬天和夏天的濕毛巾有分別喔，冬天露天溫泉要用熱毛巾，夏天相反，大熱天的，毛巾要冷的才好。

knowledge

動線要有配套
進出入不擔心會卡卡

如有要推輪椅移動，或是推嬰兒車等需求，除了設置專用走道，亦可注意走道的寬敞度與坡度拿捏，讓大家進出場所更方便。另外椅具的收納也是無障礙通用設計的一環。另外思及通用原則，出入口通路材質設計之平整度也十分重要，得確保輪椅及嬰兒車都可順利進出。

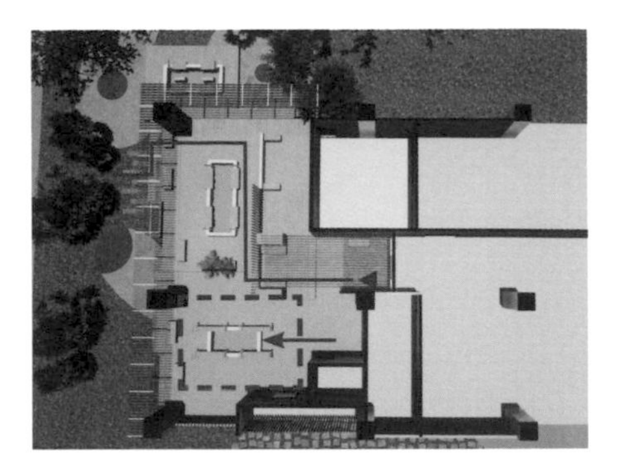

▲ 無障礙泡腳區和主動線分開設置，通路寬度至少 85cm 淨寬。（十方聯合建築師事務所／提供）

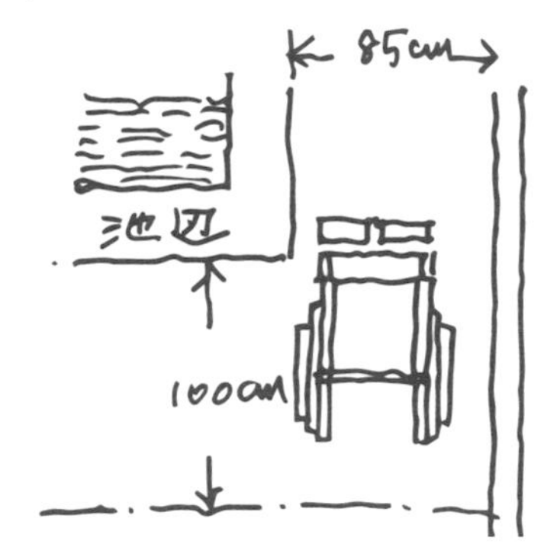

▲ 走道寬度應留意輪椅行經便利空間，最好能有專用走道，讓大家進出更方便。

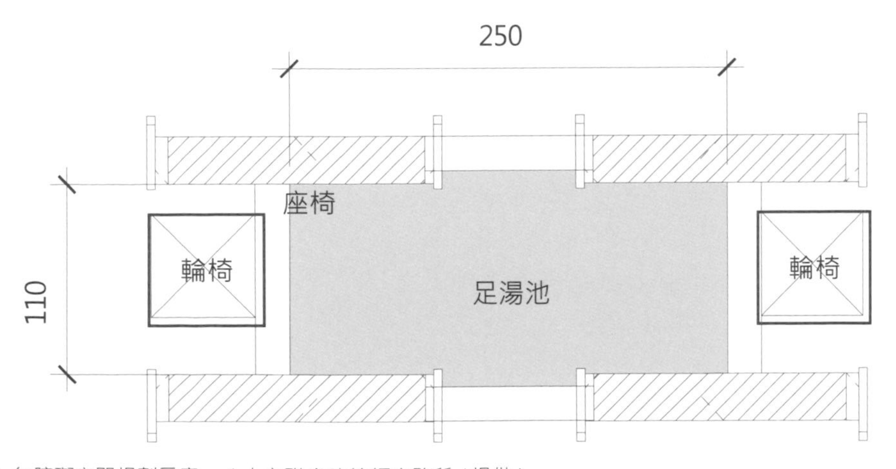

▲ 無障礙空間規劃示意。（十方聯合建築師事務所／提供）

無障礙理想動線：足浴過程中如何讓行動不便者輪椅進入足湯區停放、足浴前洗腳、接近足湯池、進入座位及將足部移入池內之過程應有貼心考量。而座位主要動線的通路盡量避免有台度之高差，若高程尚無法避免必須有高差，需設置符合 1/12 斜率之室內坡道，或 1/14 之室外坡道，並維持防滑係數在 0.55 ~ 0.6。

收納放置動線：注意留設輪椅及其它輔具適當放置空間，以維持主要動線之進出順暢。

行動不便族群的專用動線或足浴池：考量在動線上的速度與其他動線不同，同時也方便照看行動不便者的使用安全，除了基本通道，可安排無高差池讓行動不便者能自輪椅下來後，直接泡腳，輪椅放旁邊也不會影響干擾到他人。

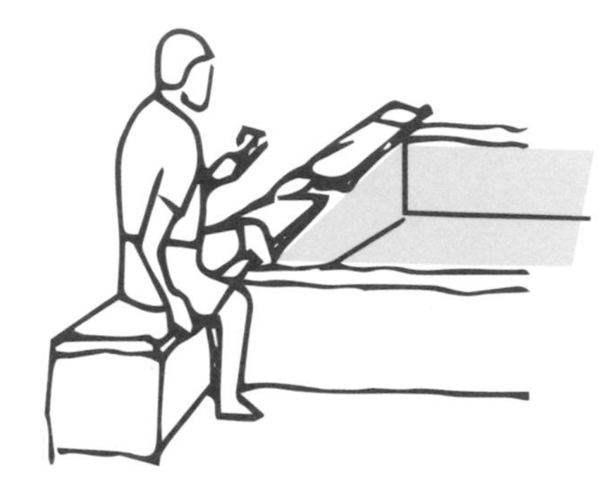

▲ 無障礙池平面配置示意。

設計觀察手札 無障礙空間 8 要點

- 具整體足湯空間避免分散各樓層，集中同一樓層，若無法避免則需設置無障礙樓梯及電梯供使用。。
- 盡可能設置長椅供使用者休息及緩衝動作之用。
- 在各不同功能區採用無垂直高差之地板設計較佳。
- 考慮換鞋及進出水池之安全性，設置扶手或預留設置扶手位置。
- 在出入口及通路上確保步行輔具及輪椅通行有效寬度。
- 若有門窗格扇應易於開關並可安全使用。
- 確保空間有充分照明避免腳下昏暗。
- 鞋櫃需考慮設置高度可輕鬆拿取。

以上資料參考日財團法人高齡者住宅財團編著《老人住宅設計手冊》

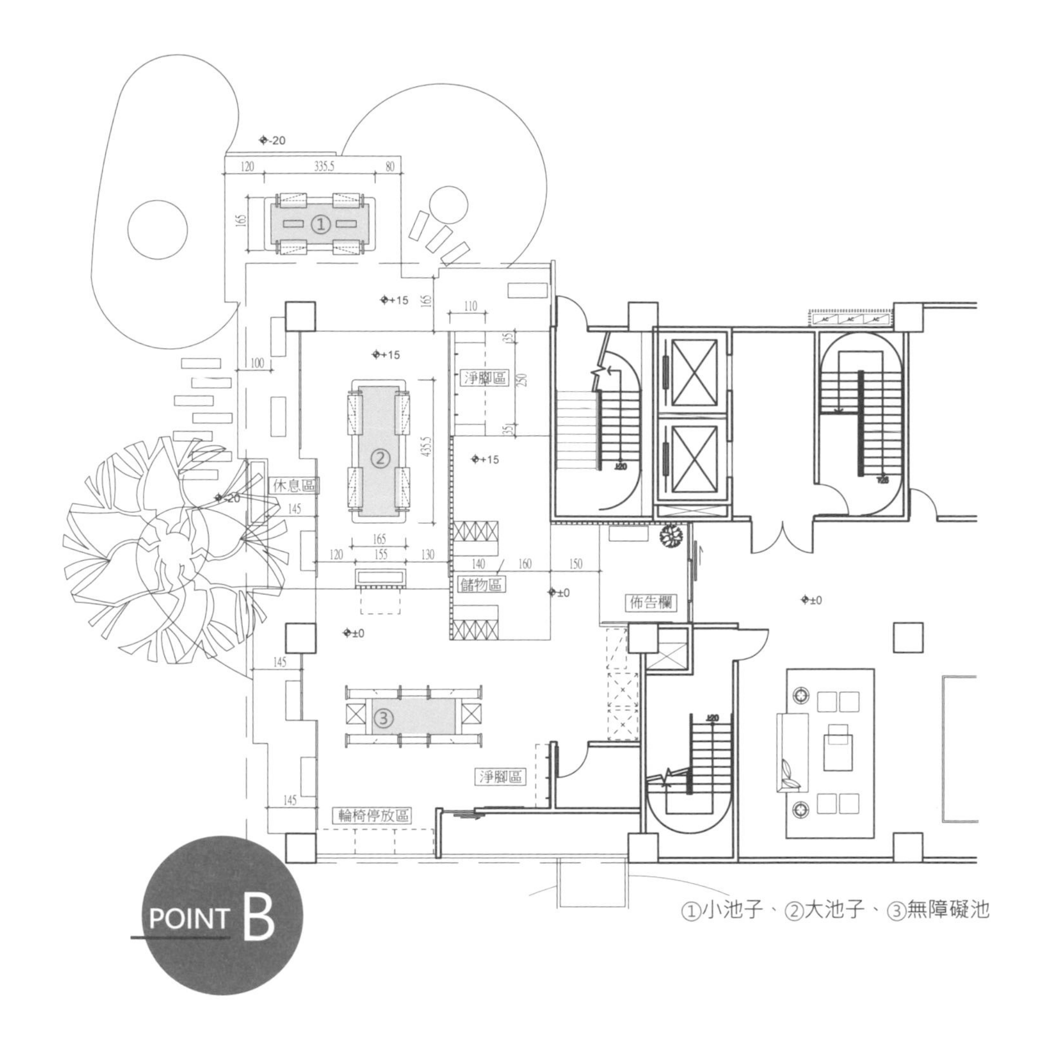

①小池子、②大池子、③無障礙池

POINT B

換鞋、洗腳區空間及座椅人性設計提升安定感促進交友

▲ 從平面配置可看出無障礙空間尺度。（十方聯合建築師事務所／提供）

▼ 以北投復興公園泡腳池為例，換鞋區座位設於置物櫃中間，與足湯緊鄰一走道，方便使用者。

換鞋，對尋常人來說是再簡單不過的動作，但年長者穿脫鞋如需換腳，便會有平衡感問題。所以針對養生文化村高齡特殊族群，在足湯換鞋區設置座椅是必要的，而且長者多數人膝蓋不好，坐下去難以站起來，因此為了暫時換鞋而設的座

椅高度最好落在 55 到 60cm，對下肢無力起身困難的人較體貼。

洗腳區也一樣，除了設置座椅外，也要配合地面鋪面的止滑功能以避免滑倒，旁邊更應設置扶手好方便使力，在供公眾使用的濕區更應特別注意。

再觀泡腳池的座位，是我們在泡腳空間內待最久的地方，座位的尺度距離，除了在 15 至 20 分的互動過程中，衡量人與人間社交適當距離之外，還得思考到保持浸泡時的安定感，當背後有人來回走動，反令你心理上難放鬆。換言之，足湯空間的整體空間尺度關係高齡者進入使用時之感受，要有溫馨被包覆感，才容易安定下來。

空間維持單方向性尺度：例如規劃 3×6 米或 4×8 米的空間，會使人視覺容易聚焦而感到安定。

空間高度還須能散熱：空間高度也維持在 3.6 米至 4 米左右，既可讓熱氣發散，更不至於失去人的尺度感。

人與人之間之熟悉度，理所當然控制了彼此之間的距離，應用於設計面，適當控制座位的密度距離與動線安排，更能促進彼此交流。因此，湯池區的座位為考慮從陌生到熟悉，可以將單個座位寬度設定為 120cm，座位間隔設定為 60cm，如此可以讓使用者有調整彼此距離之彈性，也更加人性化。

設計觀察手札

住家 vs. 公共足湯的無障礙措施

住家及公共足湯之無障礙設施主要重點在維持通路無障礙，及進行泡湯過程中動作時需要之輔助設備，通路無障礙是要以斜坡道取代高低差，並符合輪椅需要之坡度斜率（室內 1/12、室外 1/14），輔助設備則是防止在換鞋及跨入湯池過程中失去平衡及易於使力，例如扶手及欄杆，扶手直徑 2.8 至 4cm 左右以便抓握。

扶把手、湯池座位
起座移動要便利

誠如高齡長輩關節肌肉靈活度不高，腰背常感不適導致施力上略顯吃力，因此會以他慣性姿勢走入湯池，好比前彎橫向進入或前跨進入，這些會需要在周邊設置扶把手，方便長者支撐使力。那怎樣才能讓行動不便者無須他人隨身攙扶進入湯池呢？—— 湯池側面提供不同姿勢均可施力扶握的把手，會讓使用者更有安全感，亦能避免發生意外。包含湯池高度、座位間的行動距離都要一併考量。

行動不便者活動尺寸：足部移入水池之過程需要較大空間，座位

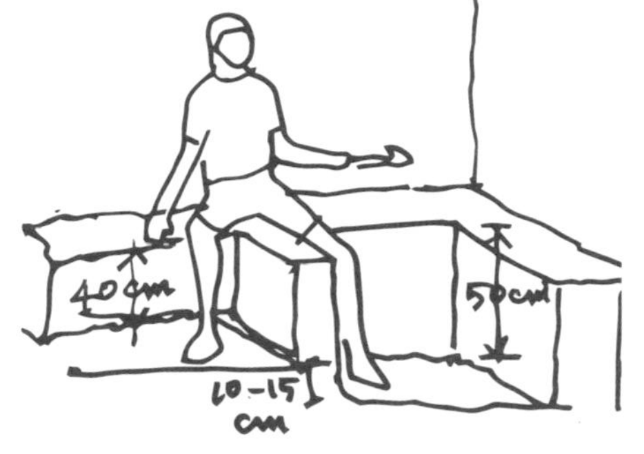

▲ 高齡或行動不便者移進湯池所需空間尺度比一般人來得寬敞。

▼ 高齡或行動不便者進入足湯池示意。湯池尺寸為池底降板 55cm，水深 35cm 。

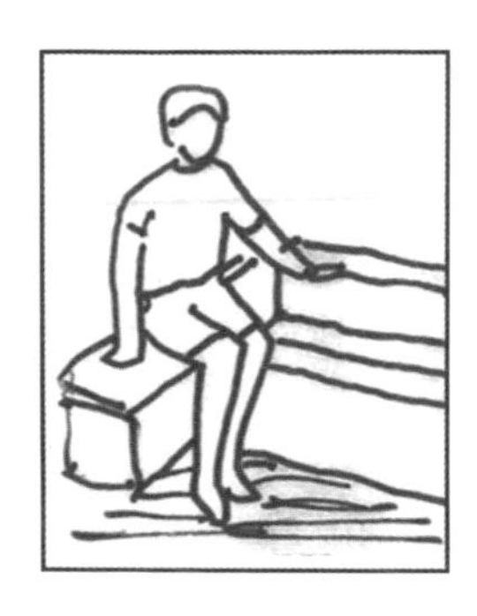

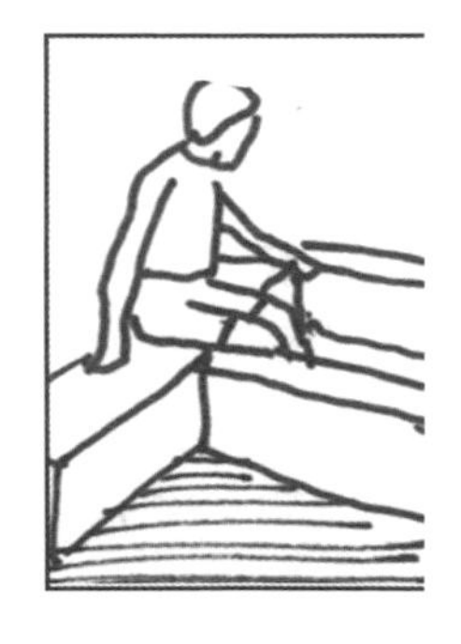

之間設置寬度原為 60cm，需再加寬 30cm。

池子深度與水位高度：足湯池高度為 40cm，池底下降高度須控制在 10 到 15cm，避免踩空踩滑。

水平式扶手：進入足湯池彎腰時，可幫助穩定平衡及支撐重量，扶手離地面高度應為 75cm。（可參考右頁進入足湯池扶手抓握示意圖）

垂直式扶手：在立姿時能幫助身體穩定及抓握，垂直扶手的長度應為 80cm。

湯池兩側安裝：考慮不同慣用手，建議在湯池二側均設置扶手。

扶手材質不打滑忌冰冷：為便於年長者抓握，以不打滑及避免冰冷之材質為主，像是有經過防腐處理之實木、塑鋼或 PP 材質。

不過顧及使用需求不同，專為高齡者設置之足湯池可與大眾通用足湯池分不同池區，設計者應在設計細節上對使用安全之考量投入較多關注，塑造讓人可放心的自行前往並可愉快交朋友的好足湯環境。

設計觀察手札

連續座椅 vs. 互動座位距離安排

現有的足湯池常會看到連續長椅式之座椅（線性排列），其缺點是較難控制泡湯人數，且對彼此互動性較不友善，明知如此，為何又做這樣應用在商業空間之足湯咖啡廳或餐廳，或許是為了配合景觀視覺，而以吧檯方式設計，強調的是一個人獨自享受的情境。

連續長椅安排雖非理想，但可透過距離尺度安排來調整。好比在個人座之間，有獨立分開椅墊，座椅長向寬度 60 到 65cm ，座椅之間可間隔 20cm。

強調互動之座位就不同了，群聚式的座位可以拉近彼此距離，交談互動較容易，足湯池短邊之邊到邊寬度（含座椅）約 140 至 150cm，可保持面對面泡腳時雙方膝蓋之間距離在 20 至 30cm 左右。

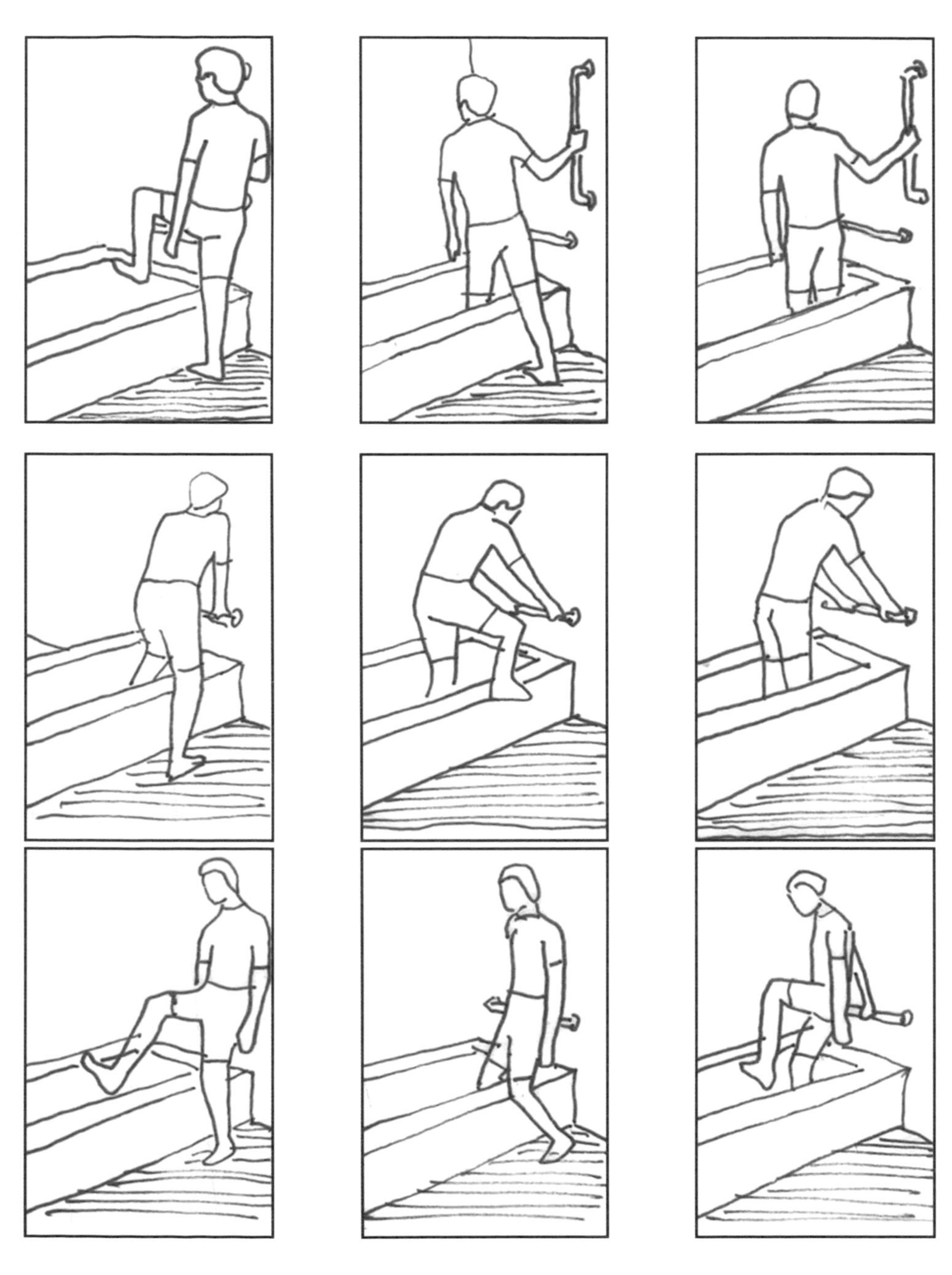

▲ 高齡者進入足湯池會需要扶把手輔助，圖為進出示意。

條件 4

小群體快速社交規劃
活絡交流緩和孤立無助感

人與人之間的互動很微妙，在眾多人聚集的大型聚會中，可以發現獨處會令人坐立難安，但過大聚會形態，個人表達意見想法的意願卻會降低，導致少數聲音難被聽見，無意外，彼此間的交流隨之減少，形成沈默的多數者，若人數下調到 2 到 6 人的小型聚會，大家反而較願意表達意見與感受。

所以在一些公共場所的空間尺度安排，其家具擺設通常以小組沙發座椅配置方式，讓彼此陌生的人們能卸下心防交流，在人際關係冷漠的時代建構出創新有趣之公共交流空間。這同樣反映在足湯空間。

▲ 即便是手湯，合適群體人數多寡可從座位看出端倪。（黃世孟／攝）

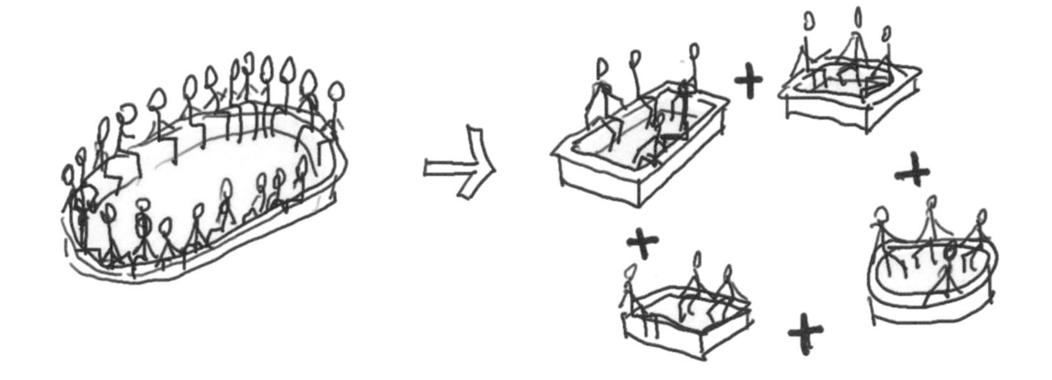

▲ 大眾池足湯對人際交流還是有其限制，最好的泡湯設計是採小眾池。

有趣的是台灣公共足湯浴池仍維持大眾池觀念，泰半 20 到 30 人聚集一起泡腳，不僅衛生品質難控管，連帶塑造出的人際關係也不易達到相互溝通交流目的，更何況後疫情時代，對於防疫上該考慮的社交距離真是一大考驗。

▲ 北投復興公園的足湯池介於大眾池與小眾池之間，座位是連續性設計。

泡湯小知識

身上有刺青不得進浴場是溫泉禮儀。在日本泡湯或進入公共浴場（錢湯）有個不成文的規定，那就是身上有刺青者會被拒絕在外，因為以往犯罪者會被刺青標示，加上有黑道背景的，多半有刺青，溫泉業者怕招來麻煩，所以會禁止刺青者入館。雖然現在刺青已成了流行文化一環，但在日本湯泉，還是行不通的。

knowledge

次層級空間製造私密性
漸進式融入群體交友趣

交談的距離和隱蔽性是打造長照養生機構足湯空間的兩大面向，考慮高齡的爺爺奶奶初期（在陌生環境）與人互動意願較低，空間配置建議周邊規劃次層級之休憩空間，一來可保有些許私密感，誘導使用者能依其意願，對現場人與環境漸進式產生熟悉感再自願參與足湯活動。

半遮蔽的半戶外空間：有頂蓋無牆面圍塑的空間，可以是由室內空間向外延伸之有頂蓋戶外空間，也可能是獨立如涼亭般的場域。

▲ 手繪示意空間與群體互動的最佳尺度。

安全感與通風兼備：由於空間與周邊庭園景觀環境可以充分結合，同時提供遮蔽及包覆安全感，其半遮蔽性設計，亦可保有較佳通風效果，對使用者之心理上，亦會有正面幫助。

次層級活動空間：由主要活動空間延伸並緊密連結，可以分組小型家具連結或界定之空間，與主要活動區域仍組成一整體場域。

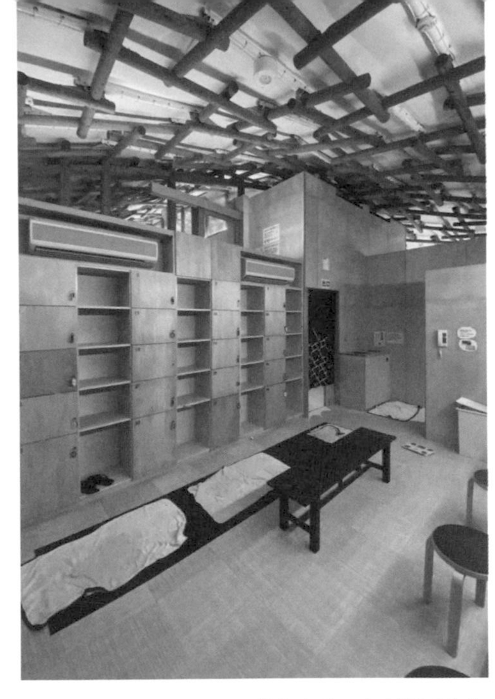

▲ 足湯空間各區規劃除了機能考量，也要顧及彼此交流互動的可能。（丁榮生／攝）

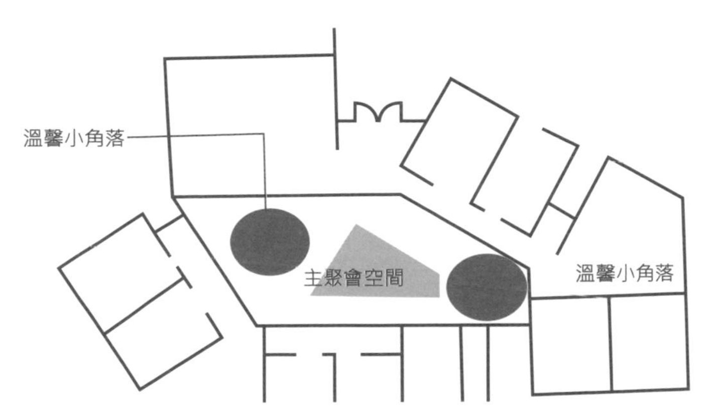

◀ 透過家具、建材來界定主次場域，整體空間分割仍保有延伸性。

設計觀察手札

足湯的通風性

考慮到有適度的空間圍閉感又不封閉，單向設置落地窗，不僅可以排除熱氣，還能增加單方向視野開放性。室內湯池可利用全熱交換機結合空調機來調整室內溫度，避免使用者感到悶熱。

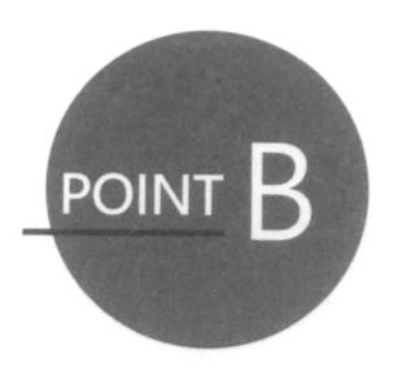

2 到 4 人湯池配置
協助 15 分內愉快交流

為讓大家能夠舒適地在短短 15 至 30 分內進行愉快的交流，小眾群聚是人與人激發自然互動的理想人數，以 2 到 4 人的群體為一組配置，也就是湯池最多容納人數參考，反映至池子尺寸大小，另外相對應的設施規劃須以好輕鬆使用及方便交談為優先。

池子高度下降：要方便使用者跨越，椅子單元間要有距離約 20 到 60 cm 同時可控制彼此距離。

座椅高度與舒適度：座位上附有靠背及椅墊增加舒適程度，另外座椅高度若是因應高齡者或有膝蓋關節問題使用者，應控制在 45 至 50cm。

座椅周邊地面的舒適性：鋪設防汙防水的榻榻米與原木質感地墊，用觸感和視覺增加舒適度。

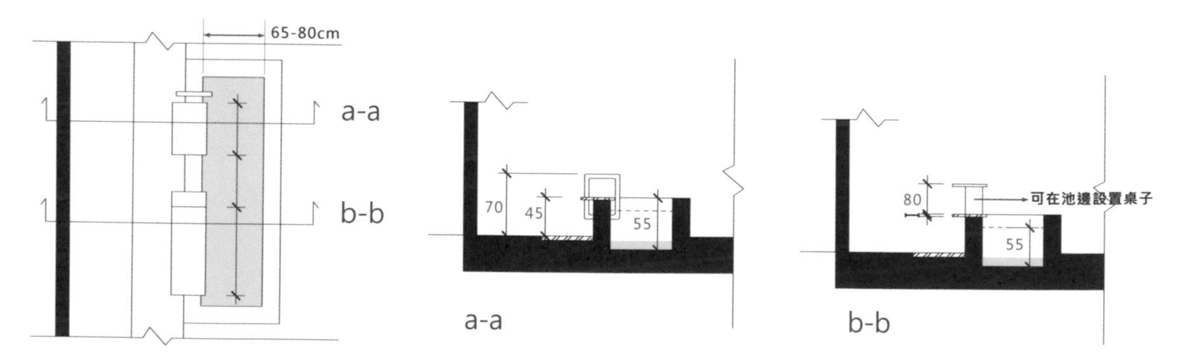

▲ 連續單邊池立面與平面圖示意，可看得到池深高度與座椅單元間距。（十方聯合建築師事務所 / 提供）

安全把手：讓高齡、行動不便者容易握持湯，起身入座能有輔助工具。

空間穿透明亮：運用材質、顏色和光線以及避免設置垂直隔間，盡可能讓空間保有明亮穿透感。（細節可參考 Chapter IV）

至於足湯池尺寸，二人足湯池外尺寸 140x140cm，四人池可預設 240×120cm 長寬，單一座位包含移動空間尺度，椅身與鄰座間距總長約 100 至 120cm 。為讓大家交談方便，可於四人池內加設桌子，提高互動機會。以上數字僅為基準值參考用，還須考量整體空間配置，調整合宜尺寸大小。

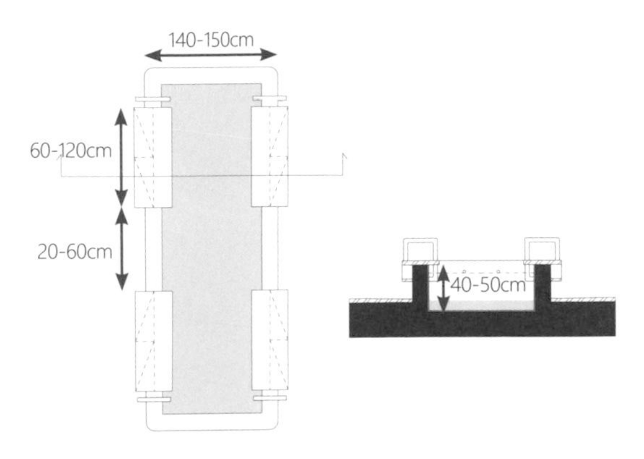

▲ 四人池座椅與湯池尺寸示意。（十方聯合建築師事務所 / 提供）

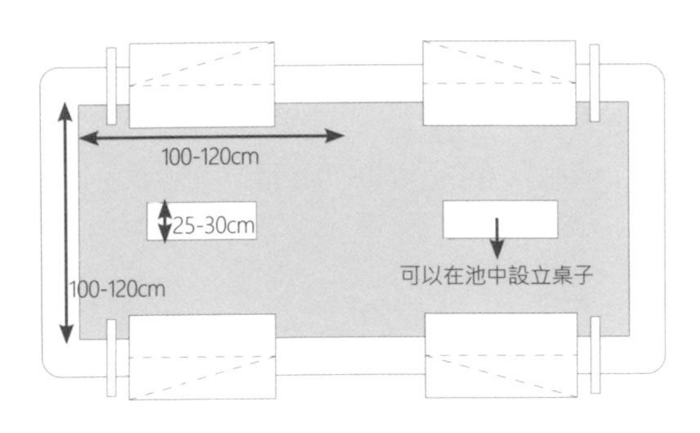

▲四人池平面比例示意，池中桌子窄身為主。（十方聯合建築師事務所 / 提供）

讓人方便交談的小桌子

足湯池中設置桌子，方便放置物品，桌子材質需考慮防水及耐熱，可用 PP 材質或康貝特版或人造石加金屬固定。

CASE STUDY

從日本到台灣
養生足湯規劃全面學習

足湯對緩和情緒及強化血液循環已證明有實質效果，在日本長照中心普遍被納入機構基本措施之一，甚至因應當地風俗習慣，在空間尺度規劃上有所調整，像是櫪木縣高齡長照機構配合日本使用者傳統習慣多以和式室內跪坐席座方式，泡腳池的進入方式維持下降式湯池設計，因此以跪坐平行移動姿勢至足湯邊，再將腳放入池中。

台灣部分雖然養護長照機構還未將足湯設計列入必備、必須設備，也鮮少作為養生村衍生單元，但台北市北投衛戍醫院、現三軍總醫院北投分院，保留了日治時代復健溫泉湯池，重新加以翻修整治，目前正對外開放營運中，從中可學到不少養護機構足湯規劃概念。另外，本文也將分享日本北陸地區的Share金澤（シェア金沢），與其說是高齡長照社區，不如說是多世代共生的新養生住宅，從日本到台灣，把好足湯規劃優點全學起來。

泡湯小知識

香港腳、病毒疣勿入。沒有人會想跟你分享「泡腳水」，所以先洗乾淨雙腳，再進足湯，才是泡湯好模範生。另外，若帶有黴菌感染或病毒疣，浸泡溫泉恐會造成蜂窩性組織炎，為了自己也為他人著想，有症狀切勿入池。

knowledge

▲ 日本的湯文化與設計規劃值得我們借鏡。（呂嘉和 / 攝）

▲ 泰安溫泉，僅示意非文中所指養生村。（林祺錦 / 攝）

Share 金澤由佛教團體社會福祉法人「佛子園」，將關閉了十幾年的舊國立醫院活化成共生社區。

Share 金澤多世代共生概念 在宅醫療複合型機能社區

本文、攝影 / 許華山

台灣的長照政策目前仍著眼已失能、需要照護的高齡者，不過面對高齡化社會，就城市規劃腳步來說，還可再往前大躍進些，因為日本早在 2015 年提出自有版本的 CCRC 連續性照顧社區，強化地方城市的照護醫療機能，鼓勵都會區的老人移居，發展第二人生，期冀在地終老，作為地方創生概念的延伸。

近來聲量頗受關注、位於石川縣金澤市的「Share 金澤」，原址為關閉了十幾年的舊國立醫院，後由佛教團體社會福祉法人「佛子園」加以活化，於 2014 年落成。它最大不同點在於，不將自己定位成「高齡者照護社區」，而是融入當地生活的一份子，不想讓人覺得是個有特殊照護需求的機構而感到隔閡，因此規劃設計階段就積極邀請在地居民參與，期待打造的是融入當地社區、創造交流的環境。

社區共生拿掉隔閡標籤

「Share 金澤」屬微型小鎮的概念，社區內居住設施有老人住宅（中心位置）、障礙兒童設施、學生住宅，也提供高齡者日間照護、社區訪問照護、兒童發展支援中心、產前產後照護、社區訪問照護、課後兒童照護等服務；同時還有餐廳、商店、音樂教室、運動教室、藝廊等商業及服務性質的設施。

這裡生活的居民，除了高齡者外，也有小家庭、身心障礙者、大學生（附近的金澤大學），全然複合式機能住宅型態。「Share 金澤」可以說是建立在城市的基礎上，涵蓋了世代相傳的人與人之間的關係。

其中被稱為本館的建築也是社區服務中心，館內更提供讓居民互動交流的相關特色服務。

也因為是前所未有的設施的概念，清楚地表明了一個沒有歧視，並重視人與人之間的情感維繫，在當地可以說，是一個有吸引力，而且是各個世代的人，都想馬上搬進來生活的社區，並不是一定等到年老時才可搬進來居住。

而為了社區共生，跳脫日間照護中心服務對象多為失能高齡者標籤，在「Share 金澤」社區內的健康長者、其他年齡層居民都能參加。參加的居民有時也是講師，此外也和當地 NPO 組織合作，創造多樣化的服務。

▲ 不只老人家，連小家庭、大學生也能入住， Share 金澤，非定位成高齡者照護社區。

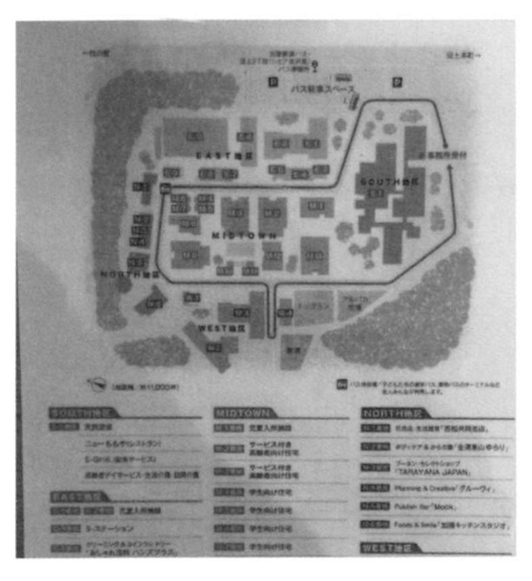

▲ Share 金澤社區地圖翻拍示意。

▲ 公設部分對無障礙設施設想周到。

▲ 公共湯屋採預約制。

▲ 為共生社區提供健康養生環境，公設設有湯池。

   基本手札

Share 金澤建築

所在地：石川県金沢市若松町セ 104-1

基地面積：35,766.96m^2

建築面積：6,761.58m^2

總樓地板面積：58,098.69m^2（木造 22 棟、鋼骨造 3 棟／高齡住宅 32 戶、工作室性質學生住宅……等）

足湯社交連外地人也愛

「Share 金澤」社區服務中心裡，有特別設置了湯屋，分男湯與女湯，屬於大眾池（氯化鈉 / 碳酸氫鈉泉），它位於大門入口與社區日式餐廳咖啡廳之間，值得一提的是，有著貼心的預約設計，在其醒目處設置預約牌，即是位於餐廳、咖啡廳，交誼閱覽區旁，方便辨別當天有社區的住民入池，增進住民之間社交與養生的樂趣，也有守望相助的功能。

▲ 露天湯池一隅。

▲ Share 金澤本館亦是社區服務中心所在，木造結構空間氛圍予人溫暖安心感。

▲公共湯池內部動線一覽。

設 計 觀 察 手 札

CCRC 連續性照顧社區

源自美國連續性照顧退休社區概念（Continuing-Care Retirement Communities，縮寫成 CCRC）打造「生活」而非「養老」的社區，整合生活支援、照護及醫療系統，讓健康的高齡者能退而不休，真正享受生活，身體機能衰退者也能得到全面的照顧。

▲ 男女湯一周會互換湯屋空間。

整個社區服務中心，採人性化的設計，在室內連繫各個空間的通廊、緩坡，各區空間，以實木地板、無障礙木扶手、座椅也以木質扶手搭配大地色系布沙發、單椅，也符合人體工學，還有暖色系的空間，加上有設計感的暖色燈具，空氣陽光進入，讓人有安定的感覺。

對外開放的男女泡湯與足浴的場域，乾區也是採實木地板，溼區為石板地板，從室內延伸之室外，空氣非常流通，男女湯屋內部陳設都一樣，唯一不同是每周都會互換湯屋空間，以男女布幔來區分，方便辨識湯屋前的走廊提供冰開水供使用（日本的習慣）。

▼ 替不同族群需求設想的無障礙設計。

北投衛戍醫院治療型足湯起家 分散小群浴池拉攏人際交流

本文、攝影／張良瑛

屬於台北市定古蹟的前日軍衛戍醫院，是自日治時期由日本移植進來台灣的建築之一，當初設立的目的是看中北投區溫泉，可做為溫泉療養所而興蓋的建物，援做二戰時軍人療傷復健溫泉治療，如今建築結構大部分保留原貌重新修復，由三軍總醫院北投分院規劃利用，對外開放足湯，雖然療效目的轉變為大眾休閒，原始湯療架構還是可學習一二。

北投衛戍醫院復健溫泉治療，今轉為大眾休閒湯池使用。

庭園小型足湯滿足小群體

一般大眾對北投衛戍醫院熟悉度或許沒那麼有記點，但說到「一把青」拍攝地點，對它印象可多了些。湯池融入庭園之中，採露天和涼亭式建造手法，屬小群式配置，一次大約可容納 2 到 4 人使用的小型足湯，最多有 6 人池，不同池子給予不同群體選擇，根據統計發現有不少 15 至 25 歲年輕世代來這兒泡湯交流互動。

▲ 北投衛戍醫院戶外湯池。

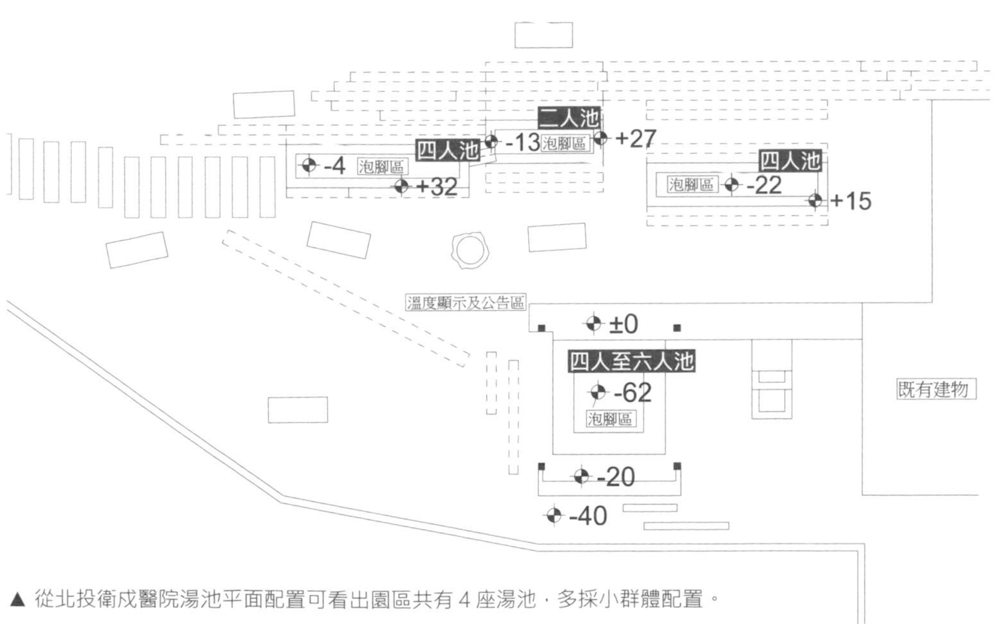

▲ 從北投衛戍醫院湯池平面配置可看出園區共有 4 座湯池，多採小群體配置。
（十方聯合建築師事務所／提供）

戶外足浴池環境有助放鬆

不若 4 人座涼亭式足湯池還有二披水木屋頂構架可遮雨遮陽，其他比鄰設置的三座帶狀型湯池，可比擬全露天狀態，重修復的池體採花崗岩，同時為抬高周邊地面，池子後方規劃木座椅，再降沉池底，宛如形成下降式湯池，和周邊巨大喬木綠蔭相映，氛圍寧靜而放鬆，泡起湯來格外療癒。

但因為是戶外型開放浴池，外加無大規模更動，有些使用上的小瑕疵值得未來規劃借鏡：

水質：有些池水全戶外設計，直接接觸雨水，水質較容易汙染。

地面平順：部分區域雖有木棧道便於行走，但路面不平整，逢下雨，草地濕滑依舊影響行走。

座位湯池尺度：帶狀湯池座位深度（座椅短向尺寸）設計是當時根據日人身高為主，僅有 20cm 深，對應現在怕不符人體工學，另外沉入式泡腳池非國人習慣，造成使用者移動不便。

▲ 北投衛戍醫院湯池。

▲ 戶外開放式湯池難免有整潔維護問題。

▲ 戶外足湯池無任何遮蔽空間，容易直接接觸雨水，影響水質。

▲ 木棧道水平與湯池座切齊。

設計觀察手札

足湯的 10 大禁忌

足浴養生好處多多，但有下列狀況，不建議進行，以免引發不適或加速發炎症狀：

1. 足部皮膚破損、潰爛及燒燙傷者。
2. 各種感染性疾病，如帶狀皰疹、骨髓炎、蜂窩性組織炎等。
3. 患有嚴重心臟病、糖尿病、肝病及精神病患者。
4. 空腹飢餓、極度疲勞或喝醉酒後。
5. 骨折、脫臼等需要固定患部者不宜採用足浴或足部按摩。
6. 患有骨關節結核或腫瘤者。
7. 急性傳染病患者。
8. 關節韌帶撕裂傷、斷裂者。
9. 各種開放性軟組織損傷者。
10. 皮膚局部病變如濕疹、癬、膿瘡等。

資料來源 / 周坤學

台北北投是泡湯勝地，從日治時代留下的復健溫泉湯池，如今重新整修對外營運。

當社區也有足湯文化，社交一把抓！

社區式足湯
日常養生通用設計

個人的足湯，只稍一足桶和熱水，便能帶來莫大滿足撫慰，如果把個人湯放大至公共足湯，融入我們的住宅、社區、周邊公設，結合其他不同性質空間，規劃適宜動線與機能，也能恣遊地享受怡情養生的生活情趣。

ASHIYU Design for Us

條件
1

先養觀念再建設
足湯最要求正確使用動線流程

本章節文／張良瑛

個人泡腳是件愜意的事，那麼一群人泡腳的樂趣又在那兒呢？當 15 分鐘後，副交感發揮作用讓人放鬆全身肌肉，溫暖灌流全身，一句簡單的問候就能引起善意的回應，開啟雙方破冰的交流互動。共同泡足湯的空間恰好能成為聚會友誼交流的催化劑，依據人的行為、尺度、心理所設計的空間，更能與活動契合，引導使用者更快融入情境，並在安全流暢的流程行進中完成足湯活動。

▲ 日本足湯文化成熟，無論社區或觀光景點，有溫泉地方就有足湯設施。（呂嘉和／攝）

▲最近才開放的陽明野溪溫泉，邊健走邊沿途泡足湯，呼吸芬多精，好不健康。（張良瑛／攝）

泡足湯可以和去泳池游泳一樣衛生

雖然足浴在台灣受到民眾青睞，不過心中總有個坎難跨得過去，可以接受戶外開放式湯池泡腳，對小區半封閉型的足湯卻興趣缺缺。

多少因為觀念和使用習慣不同，好比泡腳前未落實淨足，或不依規定動線序列移動，又或未淨足即更換水池泡腳，都會造成足浴池衛生品質維護困難，讓注重衛生的人對「在一水池內共同泡腳」這件事感到猶豫。

儘管如此，對泳池使用反而沒像足湯那麼窒礙難行，顧忌也減少許多，最大癥結在於對進入泳池程序與設備管理 SOP 的認可，遵守著先行沐浴再進泳池動作，消毒過濾循環方式來保持池中水質在一定標準以上。

倘若，足湯池之使用與進泳池游泳、泡溫泉池一樣，有正確的使用動線流程，足湯池水也會維持一定品質。那麼大家對在一水池共同泡腳，也不那麼畏縮。

滿足心理與生理的足湯文化塑造

使用者之行為與觀念，衍化成為約定俗成的使用方式及文化習慣，有鑑民眾進入足湯池習慣與觀念尚未全然建置完整，然而足湯設施若規劃得宜，其實可以導引使用者正確觀念。此外，足浴過程中的使用心理需求及設計細節，可以塑造「足湯文化」之基礎。因此推廣足湯同時更應強調好的足湯習慣，才能引起良性循環與共鳴。

觀念①空間尺度與衛生：台灣現階段足湯池，多半以 20 至 30 人集中一處泡腳池設計，這顯然難以控制衛生品質。故湯池空間尺度得留意人數使用，以及用水品質。

觀念②足湯社交性：多人湯池在人群關係之建立上，較難達到相互溝通交流之目的，因此如何在泡足湯中自然促使人與人打破相互之間的隔閡開始交流對話，並歸納出公共足浴空間之規劃設計原則，未來或許可成功應用在社區交流空間中，成為熱門之休閒公共設施。

▲ 在台灣，大家同泡一池水會覺衛生堪慮，但在戶外，感覺倒沒那麼強烈。（張良瑛／攝）

▲台灣公共足湯池傾向大眾池規劃，容納人數偏多。圖為北投硫磺谷。（張良瑛／攝）

讓泡湯成為日常生活空間基礎之一

是以，在規劃足湯池時納入落實使用動線過程觀念之設計，方能夠引導使用者以正確方式來享受足湯。我們更要將養生融入日常生活，讓足湯成為集合住宅單元標配，成為生活日常養生設施。而好的足湯設計得注意三大關鍵：

關鍵①通用規格：必須是大眾均能輕鬆且安全使用的通用設計規格。

關鍵②動線序列與人的互動連結：由行為及動線序列之安排、因應空間與人之關係（公共與私密性、人與人之感受距離、視野與開放空間塑造、光線轉換...等）來模擬足浴空間規劃原則。

關鍵③氛圍營造：還原自然與放鬆身心之尺度與場所感，利用材質、色彩營造親密尺度感，設施與空間符合人體工學，創造舒適性與通用性，最後增加足浴空間的層次性，提升質感，塑造足湯最佳沉浸氛圍。

足湯氛圍3關鍵

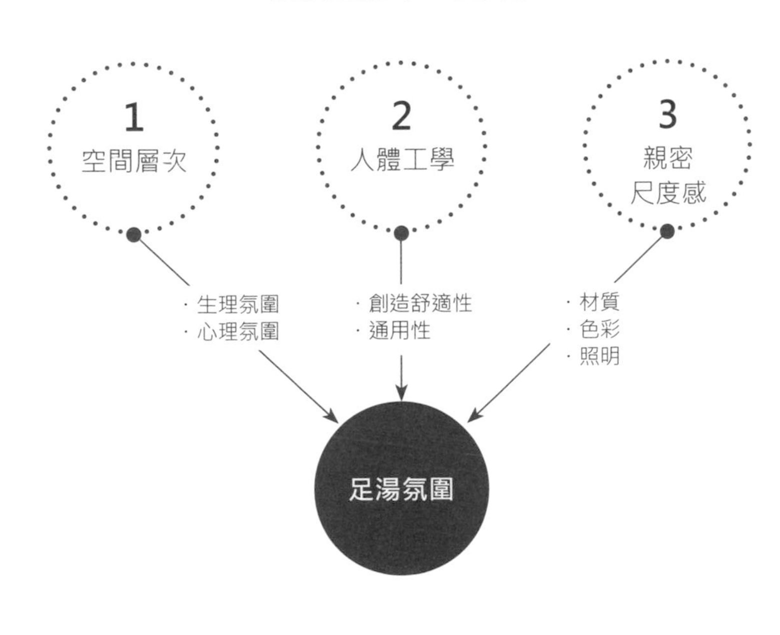

條件 2

乾溼區有別
注重「腳」的感受及安全

公共社區足湯設計，要特別留意乾區濕區，除了考慮安全外也和維持足部舒適感有莫大關係；脫下鞋襪光腳踩上地板時溫和的材質溫度感受、離開足湯池後走到洗腳區時，站在讓足部較快乾燥的材質地面上，快速吸收足部的水分、洗腳完畢移至休息區，則需要更能讓足部乾燥的乾淨溫暖鋪面。

由此可知使用材質對足部感受有多要緊。

泡湯小知識

市面有可帶著走、好收納的足湯桶。有PVC柔軟材質，或塑膠類便於收納摺疊，讓泡腳成為一種隨時可發生、固定養生方式的生活習慣。想更健康些，不妨放入中藥草包，可加強血液循環及幫助去除體內濕氣，在泡腳過程可一邊享受氤氳氣氛中藥草香氛。甚至有的足浴桶可達到泡足湯效果，卻可以遠紅外線取代不須使用熱水，或是「熱石足浴」亦可達到熱療療效，或是具備更豐富帶足部按摩功能的泡腳桶，隨身足浴桶滿足個人泡腳時的方便性。

knowledge

足湯不同區域使用建材有別。（Lakkana Boonrat \ Shutterstock.com \ 提供）

以自然材質為主
保持舒適感

材質、色彩、尺度與符合人體工學等設計要件，必須滿足足湯空間使用的舒適性和通用性，才能讓使用者能放鬆心情，舒緩情緒，達到增加人與人交流之目的。所以使用的材質，會盡量採用自然材質，避免金屬等冰冷材質。

木石類建材：較接近皮膚溫度，接觸時不會因溫差大而產生不舒適感。但要留意石材的表面處理，可以燒面方式處理，保留相當的止滑效果也不致於過於粗糙而刮傷腳底，亦能保持自然材質感受。

金屬類建材：腳底會碰觸到的地坪，忌冰冷、會帶走體溫的素材，容易造成不適，金屬類如不銹鋼鋁合金等多用於扶手欄杆，較容易清潔維護但觸感在氣溫較低時同樣會讓人覺得手握冰冷不舒服，可考慮用塑鋼或聚丙烯 PP 類材質代替。

▲ 仿石面磚料，強化其止滑係數，可用於室內外地坪。（羅特麗磁磚 / 提供）

設計觀察手札

走道、池底要用止滑面材

- 不可用光面或仿古面處理方式避免打滑。
- 近年來市面上已有仿石面磚類材料，其硬度高吸水率低不易變色，且有高止滑力，且有多樣顏色花紋可供選擇，是理想的水池及地面材質。

▲ 在座位與踩踏區的材質講求舒適，故多用自然材質。（呂嘉和／攝）

出入口明確區分 吸水材質地坪 避免溼答答

一旦足湯出入口沒規劃好，進出動線未標明，沒確實劃開脫鞋與淨腳區，洗腳的和想乾著腳的，全散在一塊，地面永遠有水氣溼答答；泡好湯想往休息區短暫休憩，等雙足乾爽再離去，往返路程都在同一走道，可地坪表面從沒乾爽過，諒必使用者感受心情不佳。

泡湯小知識 knowledge

溫泉浴後先別沖洗身體。泡溫泉之前會先洗淨身體，再浸泡，約莫10來分鐘等身體微微出汗就可起身。而當泡天然溫泉，摸身體肌膚會有一層滑滑觸感，這是俗稱的「溫泉脂」，其中成分為溫泉天然礦物質與養分，建議泡湯後搭配乳液，加強保濕效果，滋潤肌膚，特別推薦冬天這麼做。

出入口不在同區：無論單線進入或雙線出口動線，出入口應安排在不同側，避免重疊，徹底做到乾濕分離。

地面材選吸水快乾：需要赤腳行經的走道、休息區等地面面材，除了選止滑建材，還可挑吸水性高的石材木料或磚材，讓雙腳快速拭去水份，也避免踩光滑面導致易滑倒。

石材類減少尖銳表面：足湯需赤腳走動，鋪設石材類面材，要盡量選擇表面採燒面或水沖面處理，避免腳底板刮傷。在戶外泡野溪泉水時，之所以受傷，多半因為環境屬天然形成，無人為維護，導致現場容易有尖銳物。不過有經規劃的足湯，戶外多少會生長雜草青苔，也需定期整理。

足湯的 4 大優勢

足療對緩解身心狀態的好處很多，除了前面章節提及的 10 大好處外，對有亞健康需求的人，還有 4 大優勢：

① **效果顯著：**採用自然方法刺激足部，增強人體抗病能力效果明顯，臨床上實證針對某些如頭痛、牙痛、腹瀉等，往往只要足療 2 至 3 次就能緩解大部份的症狀。

② **適應症廣：**雖然足療僅針對足部，卻能調整全身具有預防、治療、保健的多種作用，因此針對內、外、婦、兒、骨、傷等不同的症狀都能有積極的緩解效果。

③ **操作簡便：**足療操作方便簡單，只要一桶熱水及雙手就能動作，現在更有不同品牌的恆溫定時足浴機、蒸足機、隨身收納足浴桶等讓人們更能透過科技來養生保健。

④ **經濟實用：**現代人真是要有錢有閒才能生得起病，所謂預防勝於治療，在預防醫學及養生保健觀念風行的當下，足療不須花大錢就能享受，是最經濟實用的養生法。

資料來源 / 周坤學

▲ 北投泉源公園足湯，有如小型社區公共足湯，有涼亭式屋簷遮蔽日照，保有通風與隱密效果。（張良瑛／攝）

拿捏開放尺度 增加足浴空間層次性

避免因過大及過於開放尺度而失去人的親密尺度感。全開放的露天池享受自然縱然好，但缺乏隱密性會漸失安全感，相對半戶外形式的空間對通風及降低封閉感有較好之效果，也可以結合視覺景觀的庭院、及有圍合感的戶外小空間增加足浴空間的層次性，控制空間的深度及開口，創造柔和的反射自然光，強化該空間的氛圍。

泡湯小知識 knowledge

要有效果，水要夠、40度水溫上下最好。要泡得有效果，須把腳全部浸泡在水中，能泡到膝蓋下緣位置較佳，水溫盡量控制在40˚C+2度，避免燙傷，浸泡時間約15至30分鐘左右，加以適當按摩，效果加乘。

條件 3

單循環動線分配機能小區
強化使用者體驗

多數人認為足浴開始的時間是進入泡腳池的那一刻，但實際上應該是從感受到足浴空間材質開始，無論視覺或觸覺，一開始踏進算起，湯浴環境便要使出渾身解數來撩撥舒壓，動線設計的好壞是一大關鍵。

如若人流進出複雜，第一眼隨即扣分，體驗跟著大打折扣，又或者戶外池與室內池順序錯落，人數控管失當，大家全擠在一排長椅泡腳，肌膚接觸比親密愛人還親密，遇到夏天香汗淋漓，舒服變調，因此設計上必定要做到對適當距離的拿捏控制及單循環動線配置方式，各區運用不同材質來做為清楚的識別區域轉換，並盡可能增加泡腳空間的情境氛圍，也強化使用者的體驗。

▲ 社區型足湯空間模擬示意圖。（十方聯合建築師事務所 / 提供）

泡腳理想動線順序

足浴空間入口 → 放置個人物品 + 脫鞋 + 查看公告或詢服務 → 淨腳 → 持毛巾進入泡腳池區 → 起身移動到休息區晾腳 → 淨腳或直接穿上鞋子 → 拿取個人物品後，由出入口離開

▲ 有好動線規劃，才不會讓湯池全區溼答答。（林祺錦 / 攝）

單循環動線 + 材質識別
幫助使用者快速辨識所在位置

足湯空間該備有哪些區域呢，從右頁單循環動線設計，約略可知基本機能空間概括出入口、換鞋區、淨腳區、泡腳區、休息座位區以及走道等等，每一區域規劃各有注意事項之外，（踩踏）選用的材質也是重中之重，因為足湯療效的作用原理即是緩和改變腳的溫度。

也就是說在進入空間、換下鞋子、光腳踏向地板，就能明確的感受到材質溫度帶來的變化，試想誰願意讓敏感的腳底板踏向潮濕、骯髒、冰冷的地板。

地熱設備：室內空間的部分赤腳區域可以使用地熱設備，使得地板溫度與體溫相仿。

轉換地板材質：少用冰冷磁磚石材，好降低溫差，亦可用明亮暖色建材，從視覺來輔助改善觸感感官。

湯池走道周邊建材高吸水性：湯池或走道周邊容易濺水，地坪材質選擇吸水性佳、好揮發快乾建材。

自然材質及感受之鋪面設計：石製、木製、抿石子等鋪面可用來區分不同區域，且因應需求改變材質。例如抿圓石子之特性是有溫和觸感之圓石顆粒，對足部有支撐度且因容許與腳底間有一些些空隙，讓人不會覺得冰冷，且吸水性強、水分很快蒸發，對使用者而言是舒適的池邊或洗腳區周邊地面材質，在室內或室外均可使用。

單循環動線設計與分區示意

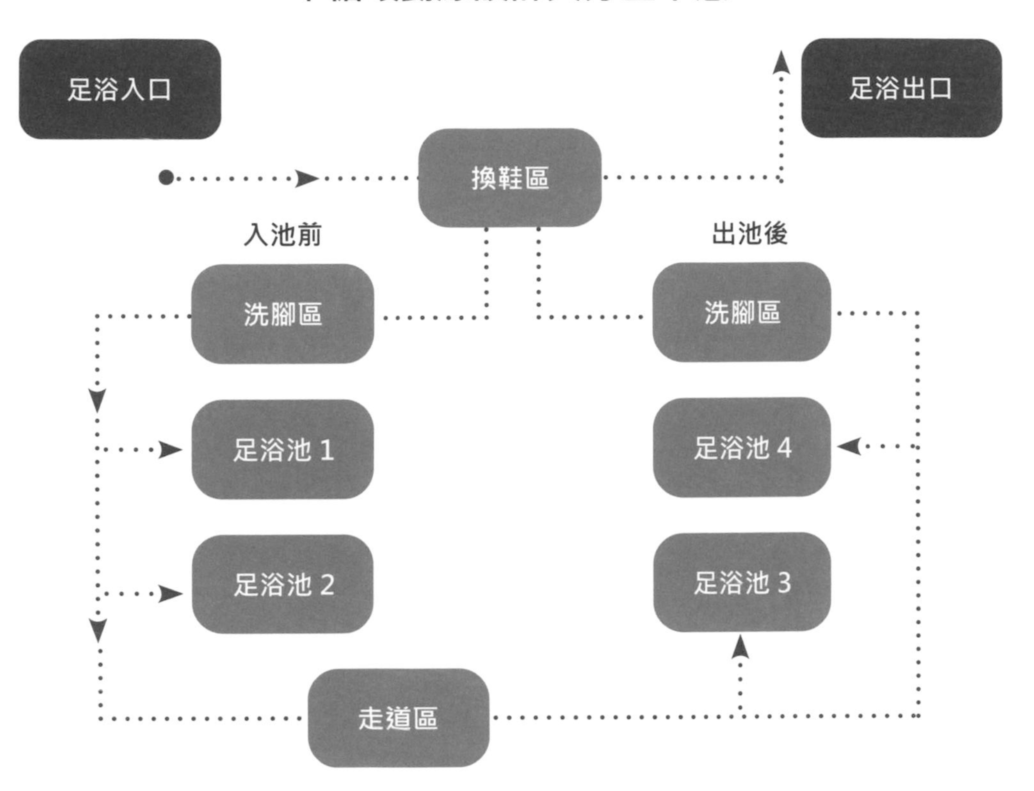

常見足湯分區識別面材

- **原木或塑木材質：**因其溫暖之視覺及質感，適合用於換鞋區或泡腳結束洗完腳的休憩區。
- **石材或防腐實木：**池邊座椅材質會影響整體足湯池氛圍，建議選用石材或耐潮做防腐處理的厚實木板材搭建。
- **防水類面材：**池底除了注意採用無毒性之複合式防水材加防水粉刷，後加表面處理，例如貼低吸水率之人造仿石面磚，或是貼圓石表現粗樸質感，依設計所設定之概念決定。

出入口是門面
美學情境不可少
過渡場域兼具告示功能

▲ 設施告示牌需明顯兼美感，僅文宣張貼反失其味。（張良瑛／提供）

出入口扮演內外空間轉換及過渡場域轉折介面，須注意入口美學情境，在一開始便要透過材質、顏色和光線讓人放鬆。另外也要留意通風效果，別撲鼻來悶熱異味，反而讓人卻步，同時更得具備相對應的告示標語，做足說明，泡湯泡得更安心。

服務台要看得到全區：位置最好能照看足湯池全場，避免意外發生，若有無障礙座位區，靠近管理站才好方便照料。

服務區提供用具租借：可提供一些利於泡腳活動的配件、衛生用具，甚至另闢一小區自助服務空間，加裝販賣機，供應毛巾、水等足浴必需品，好減少未來人力需求，並貼心配置儲物空間讓管理人員使用。

公告區標語說明：該區應有場所公告、警示標語、相關使用細則等相關事項公佈欄位。也需設置水池溫度顯示及時鐘，用於提示使用者溫度及使用時間，公告區最好能結合管理員服務台，整合成一區。

出入動線留設適宜寬度：單一出入口設計時，須避免出入動線交叉或空間尺度過於狹窄。

感測器預警

室內足湯池應顧及室內通風，避免發生意外，會建議加裝二氧化碳濃度、濕度感測器，避免吸入過多二氧化碳引發缺氧昏厥。

換鞋儲物區注意通風維管 使用便利性至上

進出口處鄰近是足湯區內重要之乾區及暫留區，也是入口區延伸，空間規劃以儲物櫃和踩踏地板為主。

換鞋區座椅高度要好穿脫鞋：提供行動不便或高齡者孕婦等換鞋時好輕鬆脫換鞋，座椅高度約 55 至 60cm，太低會不好起身。

開放式櫥櫃注意拿取高度：收納鞋子和簡單隨身物品為主的櫥櫃從地面算起 100cm 以上為儲物櫃，100cm 以下為鞋櫃，傾向開放設計，好通風避免異味，更能方便管理維護。

換鞋區錯身寬度要容納 2 人行徑：換鞋區一般需平行鞋櫃設置但須考慮二人錯身之淨寬度應大於 150cm。

腳丫不冰涼的自然材質地板：地面材質以自然材質原木或塑木或抿石子為主，不致因溫差改變過大而不舒服。

▼ 考慮人體工學，儲物櫃高度不高於 200cm，最下層離地抬高 10cm。商業空間則應考慮加門加鎖。（十方聯合建築師事務所／提供）

淨腳區留意排水
忌潮濕滋生細菌
照顧不同族群使用需求

正式進入泡腳區前，會在淨腳區先洗滌乾淨雙足，所以這裡被視為泡腳池的緩衝點，除了動線引導經過外，還需照顧到不同族群的速度、使用時間，來考慮是否分開設立，達到分流的效果。最要緊的是千萬別將淨腳區的水帶進其他區域，造成潮濕難使用。

舊式泳池會在入池前設洗腳前池，但這並非正確作法，因為這樣容易滋養細菌又被直接帶入池中，能讓使用者確實做好洗腳的動作再入池，才是根本之道。

▲ 淨腳區的水龍頭要有高低設計，便於不同身高族群使用。（張良瑛／提供）

1/50 以下之洩水坡度代替凸起隔水格檻：注意排水方式，盡可能不要讓水帶出這一區域，保持其他區域乾燥。

高低水龍頭方便老人小孩使用：分為一般膝蓋以上之高處水龍頭與接近腳踝之低處水龍頭，供一般人及兒童使用或用於手及腳的清潔。

㊦設計觀察手札　水龍頭數量分組配置

水龍頭配置方式以分組配置為佳，較不致引起混亂，一組通常配 1 至 2 個水龍頭，設置間隔大於 60cm。因提倡小組式之足湯池，約 4 到 6 人可設置 2 個龍頭，以此類推。

高止滑設計：地面平整但需有較高摩擦係數的材質較佳，避免跌倒或意外發生。而公共濕區的地面材料摩擦係數關係人身安全，應在 R14 以上。

位置不離泡腳池太遠：設置位置應考慮使用方便及日常維護清潔，不應距離泡腳池太遠，所以洗腳區和湯池入口距離控制在 2 米左右，否則赤腳踩過地面會將地面砂礫雜質細菌帶入池中。

淨腳區到湯池的路徑鋪面要快乾：洗好腳走向湯池，地坪鋪面選用容易乾燥之地面材質，如抿石子或水泥嵌大圓石，因為水泥材質吸水力強，配合圓石可讓步行時較舒適。

▲ 淨腳區距離湯池不宜太遠，圖為北投復興公園湯池。（張良瑛 / 提供）

泡湯小知識

滑倒和步態息息相關。正常人的步態是利用雙腳交換運動，可使人的身體可以從一個位置移到另一個位置，正常的步態週期包括站立期和擺盪期兩個階段。步態週期的分解動作，站立期起始於腳跟著地，接著腳掌著地重心移轉，最終腳尖離地。滑倒通常發生在後腳之腳尖離地或前腳之腳跟著地時，當腳跟著地時，身體重心位於前腳腳跟後方，由於重心必須往前移，前腳跟會對地面產生一個向前的推力，若推力之水平分量大於前腳與地面間之摩擦力，則會產生向前之滑行。在腳尖離地時，腳尖會對地面施予一向後之推力，若推力之水平分量大於腳底與地面間之摩擦力，則會產生向後滑溜的傾向。

knowledge

泡腳區著重舒適度
小群式湯池有品質
主題情境設計催化療癒

▲ 湯池座位距離不宜過密，以免影響社交互動。（呂嘉和 / 攝）

所有足浴場合動線引導的終點，亦是整個空間主角 — 泡腳池，一靠材質凸顯湯池設計主題，二須讓使用者備感舒適的泡湯品質，才算大功告成。這裡所講的品質，包含有效控制足湯人數，避免過於壅塞，到位的便利性措施，滿足不同族群身心需求，主題式視覺情境催化療癒。

座位控制人數：座椅建議分開，勿採連續性長椅好控制入池人數，配合小群式配置水池，效果更佳。而室內空間之足湯池以 4 到 6 人足湯池為主，可避免因人數過多造成喧鬧噪音。半戶外空間內設置之足湯池區，也盡量控制在三組足湯池以下為一區配置相關設施。因為一區內總人數過多，其空間內洗腳休憩換鞋區較難控制秩序及品質。

扶手與入池設計要呵護使用者：針對降板式水池，利用扶手和入水池進入下沉水池時，與泳池之扶手設計相同，由腳

設計觀察手札 左右泡腳池座位因素

扣除適合 4 至 6 人的小群式湯池條件，座位安排須考慮進入方式、增設安全扶手與依照使用族群決定座椅高度。連續性長椅會比較建議用在以景觀為主題之觀光休閒足湯場所，但仍需注意座椅間之距離最好在 100 至 120cm 以上

部起算 90cm 順梯階平行往下至低。

座椅高度考慮舒適與視覺感受：降板式水池因坐下後，使用者視覺與地面較貼近，座椅旁的地面應讓人感受舒適性，會讓人更容易放鬆。例如增加高架鏤空木地板，與走道地面作一區隔。非降板式，則以 40 到 45 cm 座椅高度設計，方便使用者利用座椅間空間跨坐將腳移入水池中。

湯池情境設計：一區區浴池可提供各式情境主題，利用一主景強化空間質感，從視覺延伸向外，既不會感到封閉，也能讓自然環境轉化舒適心境，使談話順利進行，快速達放鬆效果。

專屬行動不便者泡湯區：獨立一區給專屬行動不便或年長者泡湯，和一般足湯適度區隔，可照顧到不同族群需求，但這類湯區最好能鄰近服務區，讓管理人員就近照護。

走道避免平行配置水池：顧及使用者足浴時，對於後方人流的影響，避免平行配置水池，池與池應錯開配置，且泡腳池間的走道寬度應在 120cm 以上，便於兩人錯身經過。

小貼心標示：避免浸泡過久引起副作用，於適當位置設置時鐘及溫度檢測，好注意使用時間。

如個人足湯之公共足湯設計： 若希望公共足湯池能達到個人足湯一人一池之衛生標準，其實只要在池體設計時加以分隔，並以主管分支管各自供水及溢流置主排水管循環過濾消毒即可。

▲ 足湯的情境規劃，可透過視覺感官來強化其他沉浸體驗。（丁榮生／攝）

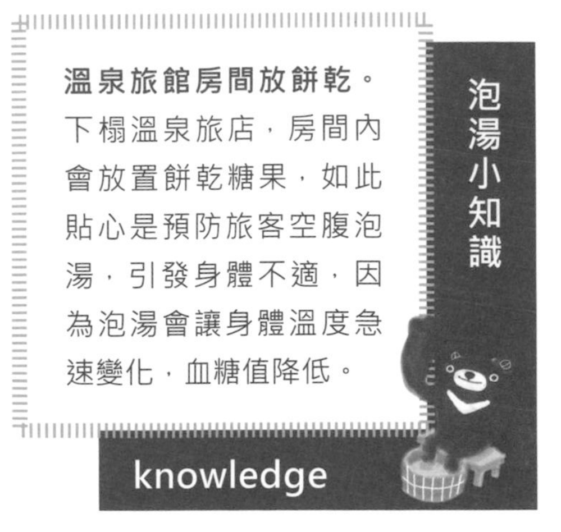

泡湯小知識

溫泉旅館房間放餅乾。

下榻溫泉旅店，房間內會放置餅乾糖果，如此貼心是預防旅客空腹泡湯，引發身體不適，因為泡湯會讓身體溫度急速變化，血糖值降低。

knowledge

休息區延續湯池理念 景觀視覺拉長足湯社交效能

享受足湯後，別急著起身沖腳，整理儀容準備出發前往下個行程，這時應該延長足湯帶來的放鬆舒適感，那舒壓療癒效果才能刻進骨子裡，不然才結交到一位新朋友、才剛熱絡聊到興頭上，便要在 15 到 30 分鐘足湯時間後草草結束，留個殘念，格外掃興！所以你會看到好的湯池空間會在泡腳區附近設置休息空間，延續「稍早」湯池的美好社交。

休息區同採小群式配置：設置概念與泡腳池相同，位置比鄰泡腳池可讓社交行為延續，二區間隔可控制在 2-3 米左右，不會因接觸地面後快速降溫而失去泡腳效果。

小群親和方式規劃座位：泡腳所產生副交感神經之作用上升，是在泡腳 15 分後開始啟動約半小時至 1 小時，正好是離開泡腳池後的休息區聊天交談的黃金時光！休息區之座椅設計更是需要以小群親和之方式來配置才好。

景觀視野提升氣氛：提供視野景觀提升空間質感，若是在室內之泡腳池可以人為造景之方式，而在半戶外或戶外區之泡腳池，則可用借景或框景周邊美景之手法吸引視覺停留。

暖心設備：部分區域可設置烘腳機，減少冬日溫度差距。

泡湯小知識

請先卸妝再入湯池。在日本湯文化中，沒卸妝就進入湯池是不禮貌行為，再說，沒把妝卸乾淨，充滿熱氣空間，毛孔被蒸開，反讓皮膚吸收化妝品的化學成分。

knowledge

▼ 外湯池可用借景或框景周邊美景，來增加逗留時間。（張良瑛 / 攝）

我們與足湯安全放心對話的距離

保持適當陌生人社交距離交談同時，腳的朝向、坐下的位置方向、臉面向的地方也會影響足浴者對話的氛圍與舒適程度。但我們該相聚多遠，成了空間社交距離之探討。

保持社交距離，在疫情考驗後，空間距離之定義開始有所不同，並非僅考量心理之因素，還包括防止病毒傳播之因子在內，不同機構之認定有其差異。美國 CDC 衛生福利部管制署建議人與人適當距離為 1.8m，世界衛生組織（World Health Organization）則是建議在適當保護措施下至少維持 90 到 100cm 距離。

實際上社交距離一詞早在公元前數百年，《希伯來聖經》就有提及保持距離的概念，要求患病的人「獨居營外」，有趣的是社交距離其實最早提及於美國文化人類學家愛德華．霍普 Edward Hopper 的《隱藏的維度 The Hidden Dimension》中，指的是陌生人之間的安全社交距離（Social Distance Zone）1.2 到 3.6m。

在這個距離之間兩個陌生人可以在較無心理壓力的狀況下談吐，所以即使疫情過去了，或許這所謂的社交距離還是依舊烙印在了我們的行為當中，又或者它一直都在。

▲ 與陌生人之間的「親密距離」決定社交互動、治癒孤獨療效強烈與否。（張良瑛／攝）

條件 4

確保足浴池進出順暢 泡湯講求安全至上

第 2 章有提及長照養生機構湯池設計注重安全性與營造安定感，住宅社區足湯也不例外，同樣須確保浴池動線進出順暢，以及使用過程安全無虞，從湯池種類選擇到水深設計，都要仔細斟酌。不同的湯池池體設計會影響到座位安排與椅座高度，甚至和周圍景觀規劃息息相關，池深高度也有人體工學考量與法規規定，全為了安全盤算。

▲ 足湯從使用建材到尺寸規劃需友善通用。（黃世孟 / 攝）

降板式 vs. 抬高式浴池 配合生活習慣選移動順暢即可

足湯池常見降板式和抬高式浴池，兩種作法並沒有誰優誰劣，選擇順序以生活習慣來評判，但須顧及泡湯能移動順暢，進而調配合適的座椅位置與高度。

降板式規劃：日本跪坐文化習慣使然，地坪與池面位在同一水平，因此座椅高程與跪坐地面高度接近，這樣從地面移動至池邊，移入足浴池會較自然順暢。

抬高式足湯規劃：面對日本年輕世代較少跪坐，加上不少國家城市對跪坐習慣陌生，較習慣舒適坐站姿式，抬高式設計進而興起，池體會高出地面，足浴池邊座椅也調整為以一般座椅高度為主，進入只需將腳轉身移入較為方便。

降板式足湯池

座椅扶手

45

0 50 100 200cm

▲ 降板式足湯池比例模擬示意。（十方聯合建築師事務所／提供）

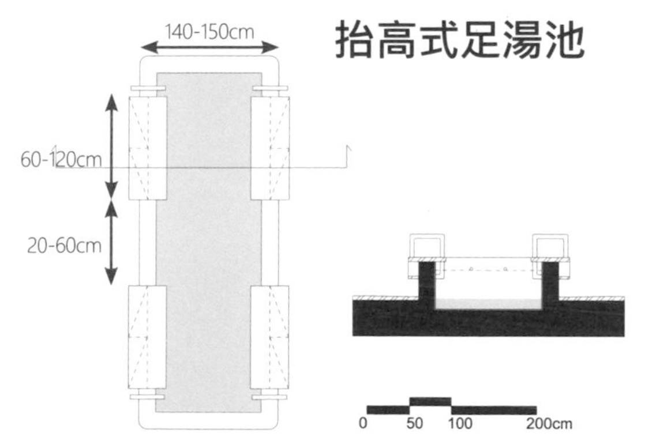

▲ 抬高式足湯池尺度平剖示意。（十方聯合建築師事務所／提供）

浴池深度
配合人體工學
足湯不超過 50 公分

足湯前提是浸泡不超過膝蓋，如果用坐姿來示範說明池深高度，試算池底與座椅之距離，不超過 50 cm 為主（符合人體工學尺度），不過在台灣現存的公共足湯空間，為呼應民眾站立泡湯，也配合提供深度 60 cm 的足浴池，是日本所沒有的規劃，但水深設計應考量安全問題，若足浴者有高齡及兒童，不宜以站姿泡至膝蓋為考量，以避免走動滑倒發生危險。

池深 35 至 50cm 最安全：社區內的足湯池建議池子深度在 35 至 50cm 較不易發生意外，配合社區管理機制之管理員管理水溫及現況使用即可，可不需設置救生員也可降低維管費用。

抬高式座位湯池對高齡者較友善：行動不便者每天泡泡足湯，是最好的物理治療方式，因為可加強血液循環及組織修復，但需考慮由輪椅或拐杖移入池中的座位得合乎人體工學，是以抬高式座位之湯池使用起來容易的多，膝蓋困難彎曲之高齡者亦適用。

兒童足湯池深要再降：針對 7 歲以上孩童泡足湯，池深最好在 25 至 30cm 內較安全。

設計觀察手札　安全管理人員規定

因為按法規，公共空間設供公眾使用水池，水深超過 1.2m，或是面積超過 $50m^2$，就必須配置合格救生員。

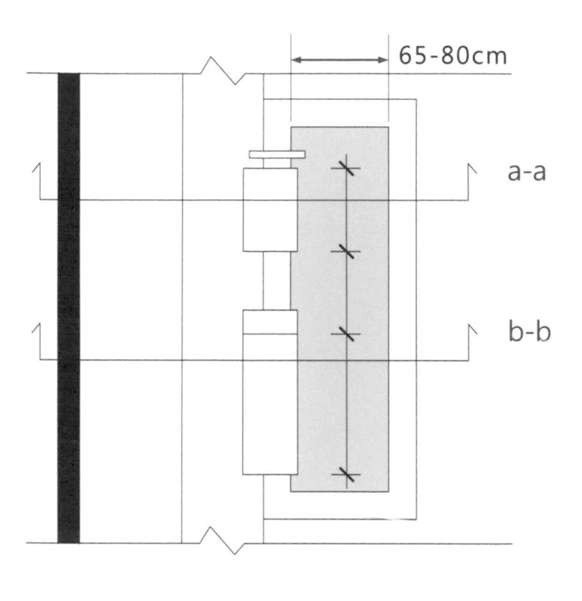

▲ 湯池除了池深深度要符合人體工學，相關的扶手欄杆與階梯設計更須顧及年長、行動不便人士的生理需求。（張良瑛 / 攝）

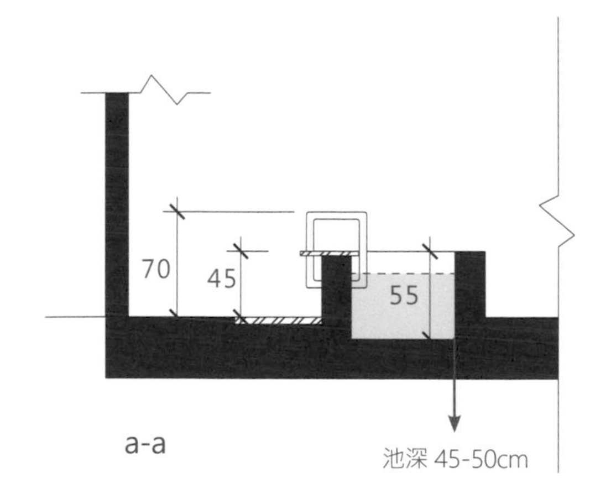

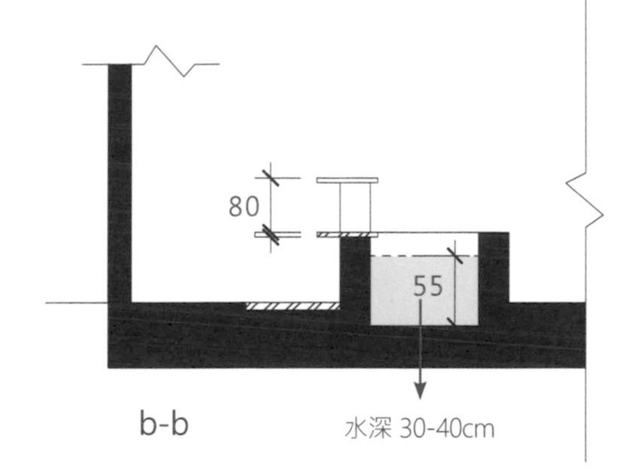

▲ 不同池深剖面關係圖。（十方聯合建築師事務所 / 提供）

足湯人體工學尺寸表參考

項目	尺寸列表
足湯池	
椅面離走道高度	0cm（降板式）~ 50cm
椅面離池底高度	45 ~ 50cm（依椅面離走道高度調整，以腳些微碰觸池底為準）
泉水深度	30 ~ 40cm
座椅寬度	雙人 100cm 椅上
座椅深度	40cm 椅上
座椅間距（分離式）	至少 60cm
一池使用人數	低於 6 人
池寬（矩形）	150cm
椅片厚度（木質部）	5cm 椅上
邊桌高度	椅面 +35cm
池邊止滑範圍	椅外緣 +45cm
降板式池中樓梯級高	15cm
降板式池中樓梯級深	30cm
安全扶手高度	80cm 以上
走道	
走道寬度	90cm（單向）以上、120cm（雙向）以上
輪椅迴轉半徑	150cm
無障礙坡道坡度	1/12
其他設備	
淨腳水龍頭	50cm、75cm
藩籬高度	65cm、150cm
遮頂高度	240cm 以上，配合空間深度提高

環境造景形塑一種氛圍情境，引人入勝。（許華山／攝）

條件 5

視覺氛圍營造 大大提升空間舒適感

我們常說用空間情境來引導心境上的轉變。在確認使用者、行為、目的後，在維持便利性的情況下，保有一定距離與隱私，可以讓環境不擁擠，感官與實際狀況交互影響下達到自然群聚的配置。至關緊要的氛圍營造重任就落在整體設計能否產生協調性，帶出情境刺激因子，也就是視覺上的滿足感。

材質選擇、線條結構與動線層次，還有細節上的巧思，勾勒足湯應有的空間想像。好比座位安排要保持一定距離，但不能死板地用隔間處理，僅透過座位長度設計來產生自然的社交距離。又好比，一池池的池水，跳脫固定排列順序，大小不同錯落位置，搭配主題造景，看似讓使用者有彈性選擇，實際已下意識調配大家足湯動線。

▲ 足湯池無論是長照或住宅社區，甚至是觀光休閒用途，情境氛圍營造是引導心境轉變的重要關鍵。（呂嘉和／攝）

湯池形狀跟人數有關 曲線會豐富視覺感官

足湯湯池的形狀該用哪種好，並沒有硬性規定，不過矩形方形足湯池可容納人數較多，而曲線池邊會因考量避免相互觸碰到腳而需要較長之池邊長度，多邊形也有一樣的問題，但因曲線多邊形池型會讓空間較活潑，泡腳氣氛也隨之鮮活起來。

而納入曲線設計，是因為其能豐富足浴空間中使用者的視覺感受，若將直線與曲線並用，配置形狀功能不同的空間，提供給不同的需求使用者，創造出多元特色的環境，但不論哪種，最終目的是體現景觀的意蘊美。

▲ 足湯池形狀規劃及人數與人互動距離有關。（張良瑛／攝）

然而湯池形狀再怎麼變化，都需回歸泡腳人之間的互動距離，維持以人為圓心半徑 80 至 90cm 內淨空，是較能讓人放鬆也能建立彼此互動的距離，用此標準來設計規劃湯池，才能兼顧趣味性及功能性。

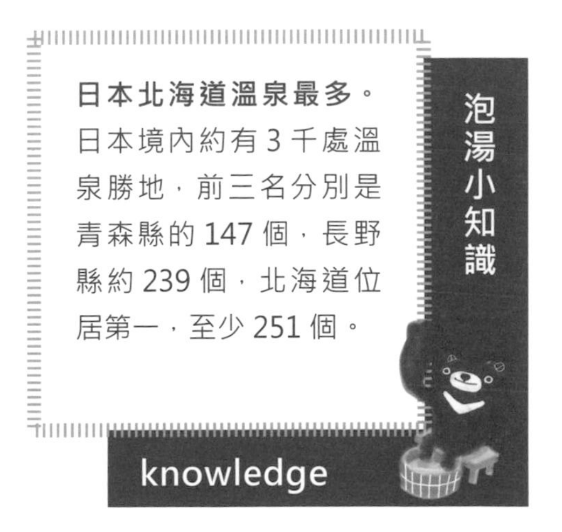

木、水、石
三大自然元素
打造最愜意足湯

因為日人崇尚與自然景色結合的園林建築，在日本泡湯亦可從中發現許多建物多採用木構形式，連帶湯池選用的材質也傾向象徵自然界的木、水、土、石等元素，進而打造充滿自然氛圍的空間。

借景與造景增加視覺豐富度：可直接利用或運用相近元素連結周邊景觀，甚至重新改造，創造足浴過程空間視覺豐富性。

▲ 石材類建材一來止滑、吸水性高，最常被用來當足湯元素。圖為北投硫礦谷。（張良瑛／攝）

▲ 足湯多採景觀式設計，以營造自然氛圍為主。（丁榮生／攝）

設計觀察手札　木質座位暖感比石材好

通常座位會以木料為主，那是因為木質較能貼近人體溫，溫暖感較足。反觀石材類多用於池底鋪面或走道，考慮長期維護保養。

▲ 湯池講求自然氛圍，木、石等元素最常使用，甚至巧妙融入周邊自然景色。（丁榮生 / 攝）

利用景觀劃分區域：足湯用不著隔板，倒能利用木、石材料搭配天然的泉水和周遭自然景觀，自成一色，同時也作為區域的劃分。

半戶外空間製造放鬆氛圍：在有遮蔭的空間裡感受周遭自然環境，空間高度應以淨高大於 3.6 米為原則，有一定的採光光線與空間包覆感，在自然環境中感覺較安適，或者另外搭配木格柵屋頂塑造半戶外空間。

泡湯小知識

泡湯時間總長不超過 1 小時。泡溫泉之前會先洗淨身體，再浸泡，約莫 10 來分鐘等身體微微出汗就可起身，意猶未盡的，可以稍作休息 5 分鐘後，繼續泡湯但總時間長度不宜超過 1 小時，以此反覆增加血液循環，舒緩疲憊。

knowledge

CASE STUDY

社區足湯模擬計畫

共享健康美好時光趁現在

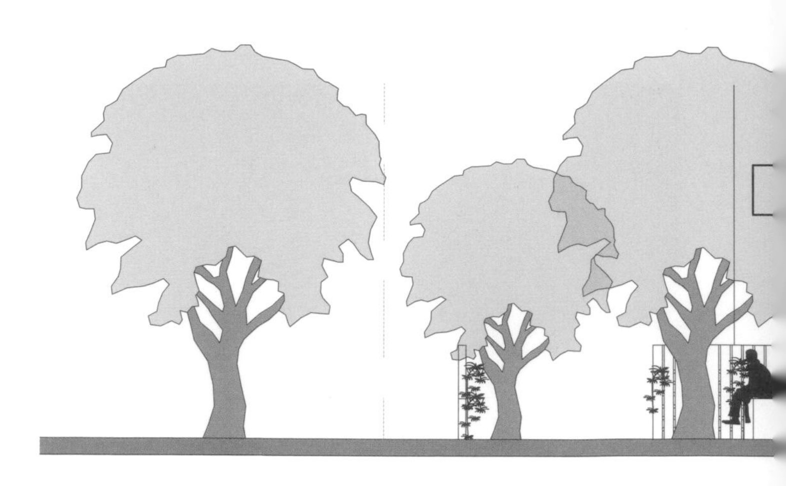

因應老化社會養生機構規劃，多半將足湯設施與之形象互綁，以致認為足湯是為樂齡族而生，實則不然，足湯是不分男女老少的療癒良方，倘若我們所居住的社區公設能將之納入，一邊享受熱水泡腳，一邊和社區鄰居話家常，不也幫助建立社區住宅鄰里關係，自然地凝聚社區意識。

為何會說社區公設重要，所謂的公共設施空間，其目的就是希望居住者能夠透過使用公設，建立相互之間熟悉度及戶住關係，對此社區之小家庭或是高齡居住者都有正面幫助，所選定之住宅社區鄰公園綠地、停車空間等公共設施，接近傳統生活商圈，新舊生活機能互相共生發展。

觀察現今社會結構與住宅社區生態，多數狀況為白天擔任經濟主力的夫妻上班，小孩上學，只剩父母高齡在家，這也是都會中大部分社區之人口家庭結構現況，夫妻成家後與父母由外地搬至離工作地點較近之新家居住，都市社區中的家庭雖然是以集居的方式生活著，但在社區中彼此卻是陌生淡漠，每個家是一座孤島，在家的人長期守著孤島，成了都市中的邊緣人，在這

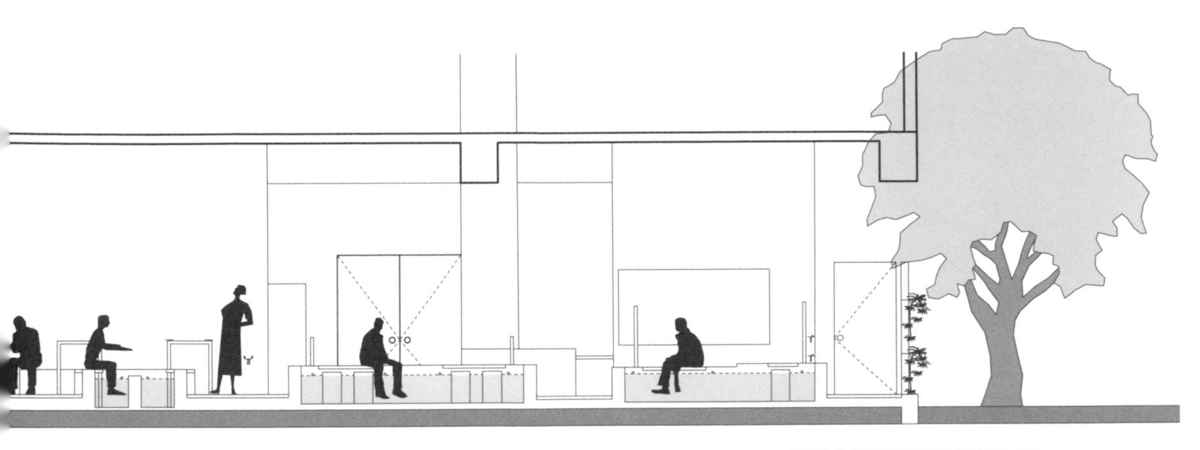

▲ 足湯公設設計模擬情境示意。

（十方聯合建築師事務所／提供）

樣的都市生活樣貌中，社區公共設施則扮演了很重要的角色。

可想而知，足湯絕對是小區生活與居住者互動的絕佳橋樑。接下來我們實際演練模擬一回社區公共足湯應有的設計，以位在桃園都市密集住宅區基地 1400 坪、預設規劃與興建住宅戶數 260 戶為例，其住戶單元多為二房及三房小家庭或三代同堂，一戶人數由三人至六人不等，在此條件下，一解公設足湯如何實踐。

公共設施空間需兼顧實用性和便利性

在不動產登記上，公共設施除了服務核樓電梯廳之外，法定名稱為社區之管委會空間（法定容積 15%），若是大型基地內可做為公共設施空間的樓地板面積就十分可觀了，動輒數百坪，在開發商慣用作法一般以閱覽室、健身房、多功能教室等等為主要公共設施，通常健身房之使用率是最高的，由此可知居住者對公共設施實用性及便利性之認同，規劃者應該更積極的設計更有創意及利益居住者的公共空間使用方式才對。

對照足湯空間，其優勢絕對能上場成為公共設施空間的主角。因為足湯不但養生、促進社區彼此的友誼、而且設置費不高、易於維護管理！

一樓通風好造景
有利足湯設計

社交型公共足浴空間選擇在地面層空間邊側，因為一樓高度較高有利於疏散熱氣通風，也可積極利用地面社區空地塑造空間景觀視覺。但足湯規劃需聚焦機能和設計質感並重，小群式湯池組成有助社交形成，建議以4到5人為一組、2至3組的空間進行思考，利用前面章節提及的空間尺度，配置出類似在交誼廳、派對等場合中小群分散群聚交流之方式及合宜之尺度，合理的距離也不會讓彼此過於靠近。

足湯屬每日均可參與的養生日常活動，故在空間設計上避免沉重之色彩照明及過度裝修，著重使用者體驗的是一種提升心理生理品質的愉快感受，在空間氛圍上就可以表現出來。但公設足湯該占多少容積，這可從基地的戶數與總人口，對應基地面積來推算合適規模。

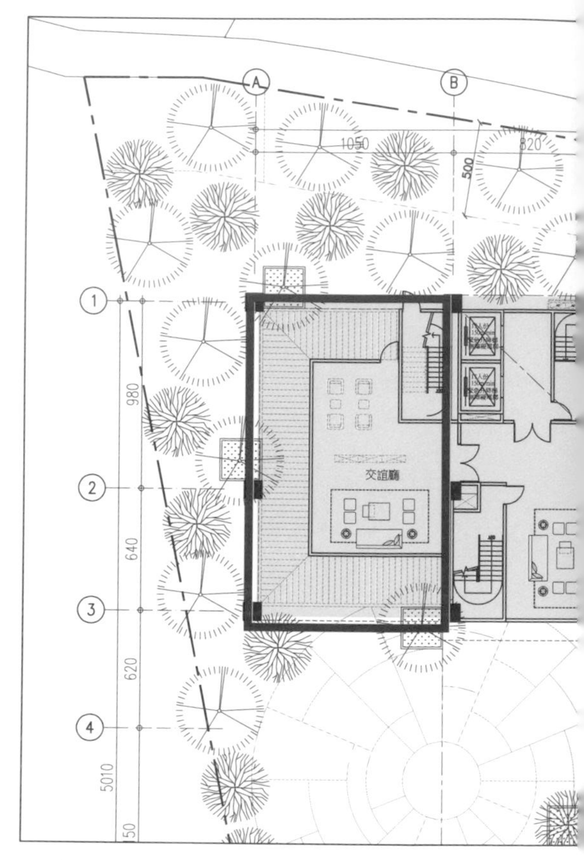

▲ 做為社區足湯，其規模要考慮戶數、基地容積與人口組成等因素加以規劃合適空間。（十方聯合建築師事務所／提供）

設計觀察手札 依年齡層對象調整湯池形式

根據社區居住人口的年齡層與對象，彈性組合湯池單元人數，配合抬高及降板式不同型式，社區足湯空間可以營造出有趣豐富變化之面向，只是水量控制及配管方式仍需根據湯池大小調整。

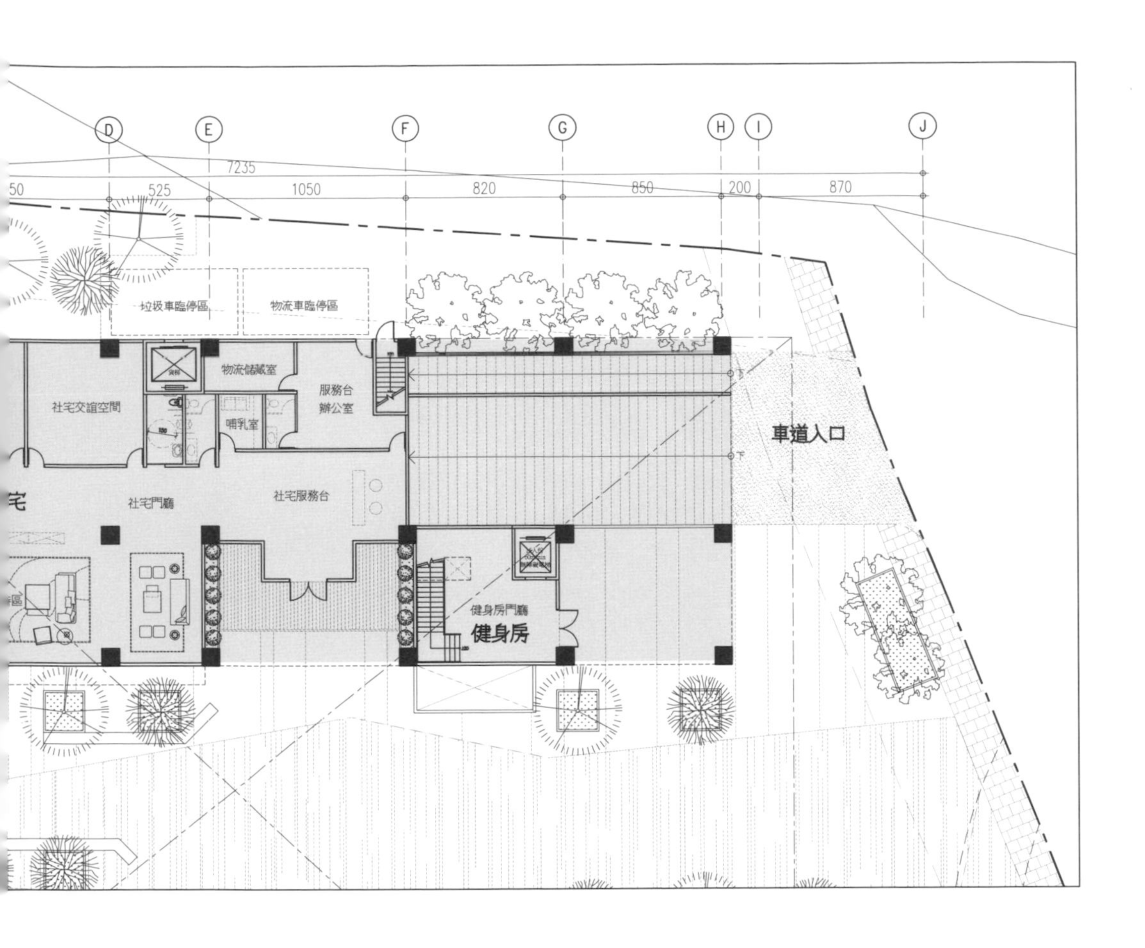

戶數、人口、基地容積推算足湯規模

從基本一個池可容納 6 人來計算， 一天若開放 6 小時，每人平均 30 分鐘，可容納 72 人輪流泡腳，若以一戶單位人口 4 人計算，每戶每日參與泡腳人數為當戶人口 1/4，可推算可供應社區人數為 72×4=288 人，為 72 戶設置一 6 人泡腳池應為適當數量，因此本模擬社區 260 戶以設置三個泡腳池為主。

除此，足湯所需要的設施設備空間，如洗腳區及儲物櫃總量，以總人數估算足湯之使用。且社區足湯更應考慮各種年齡層、全家或多種組合一起泡足湯的機會，以家族為使用單元的足湯池以 4 人為主要人數設定。至於年輕世代、親子或夫妻足湯、則是考量不同年齡層對象之彈性組合，進而影響湯池單元人數設定，演變成二人池、三人池、或四人池等單元。

▲ 足湯整體要能呈現暖度、使人放鬆的氛圍。（十方聯合建築師事務所 / 提供）

入口空間模擬 明亮暖色引導情緒放鬆

別於社區大廳大器氛圍，足湯入口處作為整個空間的出入口，亦為內外部空間過渡介面，須配合足浴時溫暖放鬆之感受空間氛圍呈現幽微之寧靜社交空間，稍微深色的木製大門與稍微透出空間的暖色光線，在尺度上及材質之設計上都應考量讓進入空間的人心慢慢沉澱。

消弭封閉感：入口處內外視覺應有適度之串聯，從門外可隱約看見足湯入口門廳的擺設及光線減少封閉感。

選用親和力自然材質：出入口空間視線上內外能有適當連接，並且創造簡潔明亮的入口意象，以具親和力之自然材質質感使人情緒上自然放鬆下來。

製造緩和情緒空間：位於入口的緩衝區域，放置長凳供進入或離開空間的人暫坐、等待，牆面布置公告及使用規範，能讓剛進入空間的人了解足浴使用方式及進行流程。

儲物空間模擬
搭配座椅方便使用

除了考量開放式儲物空間好通風管理，櫃體高度配合人的身高體型，避免太高造成形成空間壓迫感及使用不便，地板鋪面材質要顧及人腳溫度。更需設想到使用者的身體狀況，微調整動線與櫃體結構。

儲物櫃與座位一體設計：櫃體下方較矮的地方，因為不容易使用，可以規劃加裝座椅，便於使用者穿脫鞋。至於儲物櫃之數量留設，應考慮若每人泡腳 30 分鐘後有二倍滯留時間，其數量可能需增加座位數一倍。在考量平均輪替率 50% 下，因此，最大使用人數 x 2 x 70%。

動線分流：注意行動不便者的換鞋速度、行走速率不同，由此開始分流。換鞋區空間寬度至少 150cm 以上，方便換鞋時二人錯位通過。

淨腳區模擬
寬敞不擁擠濕滑

洗腳空間該是令人感到舒適從容，不同戶外公共湯池採用寬敞開放設計引導進入淨腳區，而是可利用動線導引，順原木牆面集走道引導脫了鞋光著腳的使用者先到達洗腳空間。同時，洗腳區亦須留設了座椅體貼高齡及行動不便者。

洩水坡度減少水滯留：配合洩水坡度作為截水之用，避免造成水的滯留而使濕氣增加、增生細菌、黴菌。另外，以斜坡度取代檻的設置，便於使用及安全性。

水龍頭配置間隔 80cm 以上：配合使用者高度，水龍頭的高度約為 75 或 55cm 左右，間隔維持 80cm 以上，不致水四處飛濺至旁人或走道上，並卻保人流順暢避免衝突點。

注意出水水壓：淨腳區之水龍頭出水應有較高水壓以能徹底沖洗，但須注意噴濺問題。

儲物櫃可採開放設計，較為通風，下方可設計座椅，方便年長或幼童穿脫鞋。（十方聯合建築師事務所／提供）

室內足湯區模擬 主動線串連但不彼此干擾

足湯池應該是足湯空間中空間氛圍最穩定的，一旦找到位置坐，理當好好享受足下的溫暖，因此足湯區所需具備的是安全的進入方式，以及安定的座位設計。前者指的是適合的欄杆扶手及踏階，跨座則是順暢不碰觸到旁人把腳移入湯池，後者為坐上舒適合恰恰好尺度的座椅，沒有人在背後走動說話，安靜的享受 15 分鐘熱氣蒸騰。

主動線串接與區化：在模擬設計情境中設置了三組足湯池區，由主動線並聯各足湯區，各池有各自周邊走道空間，區化之作法目的是讓各池動線不混雜交錯，每個足湯池前後都留設了完整的走道空間供進出池使用。另須留意泡腳池應考慮人進出足浴池之舒適空間距離，應在 1.5m 以上。

格柵虛化空間：各池區之間及與其他設施區之間都用虛化的透空木格柵區化，整體空間視覺仍可通透卻保留各自空間獨立性，畢竟開放的視覺和穩定的空間感對足湯使用者前 15 分鐘體驗十分重要，等到開始放鬆後自然會開啟與他人的言語交流。

座椅較寬可呼朋引伴：湯池採較寬座椅配置，讓使用者有適度增加同伴之機會，每個座位都包含了不鏽鋼的安全扶手、木製座位區及下方用於放置毛巾的收納空間。

文化習慣調整水池型態：此案例操作中採用抬高式之水池，主因在台灣的使用者無跪坐之習慣，且對高齡或膝蓋難以蹲低之使用者較為方便。

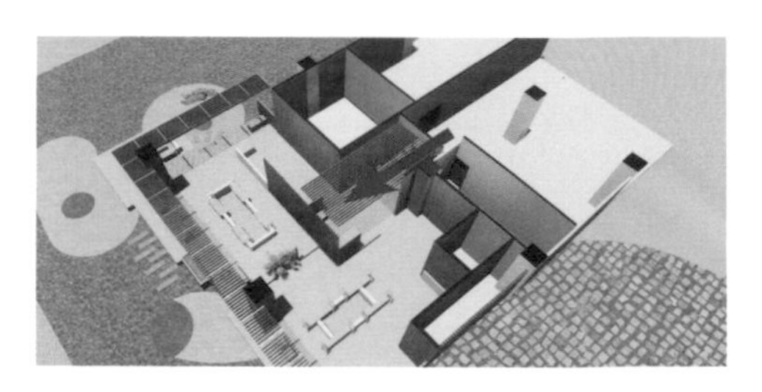

▲ 足湯進出動線示意。（十方聯合建築師事務所／提供）

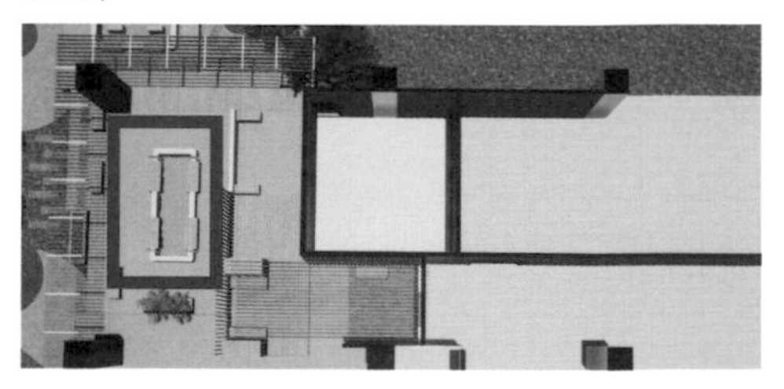

▲ 色框範圍是室內足湯區。（十方聯合建築師事務所／提供）

▲ 戶外足湯可結合景觀設計，營造自然感，周邊可用自然材質搭建圍籬或用樹木植栽來增加隱私性。（十方聯合建築師事務所／提供）

室外足湯區與室內鋪面一致 要休閒感也要注重泡腳隱私

室外足湯池提供了可太陽浴，及享受微風徐徐的足湯空間選擇，但與室內空間足湯池區的鋪面仍是相連結的，保持行走的連續性目的是保持洗腳後到足湯池之足部清潔，以維持足湯池水之品質，同時也能保持其他湯池共用走道之乾淨，及塑造空間連續性整體感受。

做好洩水避免濕滑滑到：注意地面雨水洩水問題，必要留設截水溝截水。

結合自然景觀意象：室外足湯池之設計可與景觀結合，表現自然庭園的趣味，或在湯池材質及形狀上帶入自然主題，塑造不同於室內湯池之氛圍。

戶外隱私性不可少：由於湯池周邊庭園空間與社區公共庭園空間相連，必須做好周邊邊緣之界定，適度維持視覺延續性，但仍應顧慮到保有泡腳時應有之私密性。

無障礙足湯區模擬空間與動線最好另外獨立

理想作法是在設計行動不便之輪椅使用者，其泡腳區則是由儲物區延伸的無障礙動線，可以有自己獨立的儲物區、淨腳區、泡腳池、輪椅停放區、休息區域。泡腳池的動線、安全把手設計、座椅設計亦可參考無障礙設計規範，座椅旁的小收納空間則用來放置毛巾。但若是考慮行動不便者多數希望與親友一同泡腳談天，仍可以在一般足湯池中設置一處供行動不便者使用之座椅，共同享受足湯之樂又能兼顧物理復健之功效。

休息座位區模擬建材、設計氛圍從泡腳區延伸

休息區是泡腳區空間之延伸，空間氛圍的延續，因此在鋪面上建議沿用相同材質，但可根據空間趣味性配置不同型式之座椅。好比室外區配置以原石同時也可營造成休閒景點；有頂蓋區則設置於靠近室外的半戶外空間，好供剛擦拭完腳的使用者晾腳、放鬆，持續緩和足浴放鬆之效果並與泡腳區空間調性整合為一體。且為讓使用者可自由選擇不同休息區，主動線成為主要連結不同休息區之走道。

由以上之模擬圖及說明可以發現，社區足湯池之公共設施中，不同湯池分區再加上休息區之空間變化之組合將十分多樣，讓使用者在享受足湯時有各種不同體驗，而非多數人集中單一集中湯池之設計。

◀ 休息區可多點變化性，由泡湯的主動線散開各支線，提供使用者多重選擇。（十方聯合建築師事務所／提供）

降低樓板陽台可以變足湯

參考陽明山天籟溫泉酒店的和風館，每間房型在陽台皆設有半露天獨立溫泉浴池，可兼做泡腳池，讓每一位入住的旅人擁有更私密的泡湯空間，享受舒適的湯泉風情。在家也能有迷你足湯池。

在大樓中利用居住單元的陽台空間，概念等同將浴室浴缸外推至陽台作法，藉由陽台降低樓板所產生的空間深度，就能夠佈置出一處理想的家庭泡腳空間，也不完全影響原本住家內空間功能。

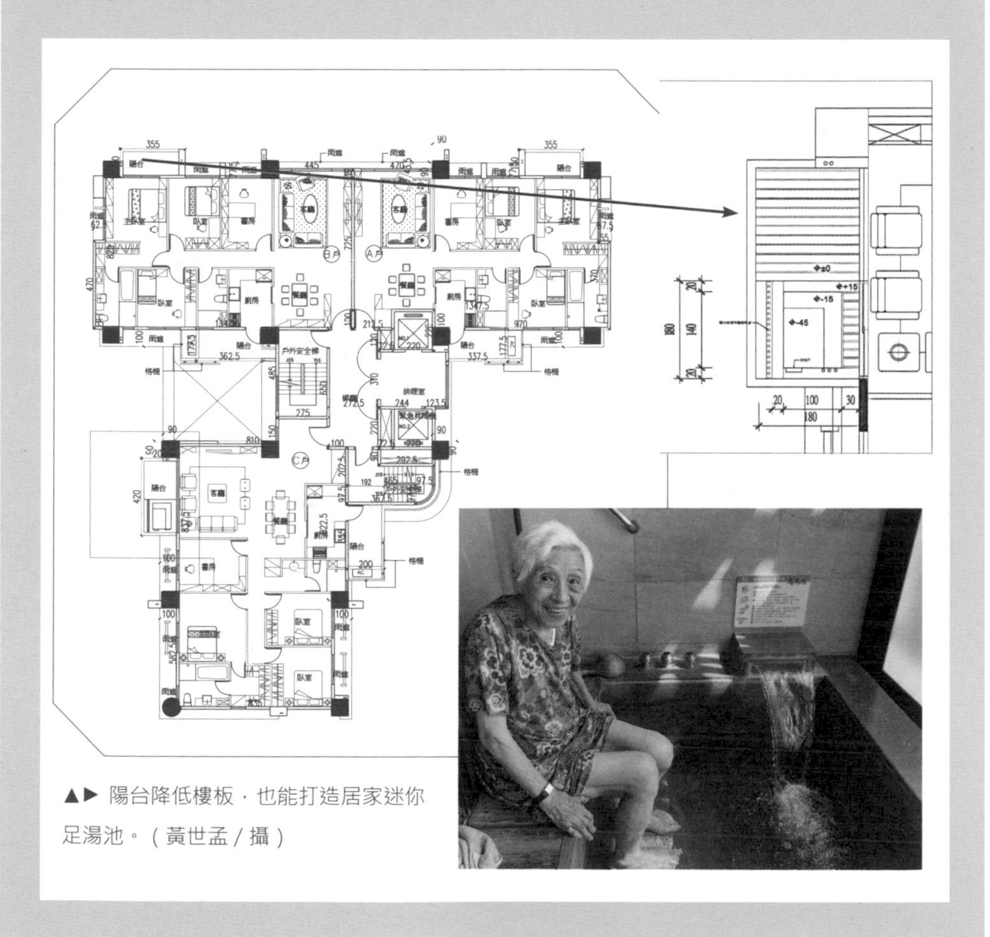

▲▶ 陽台降低樓板，也能打造居家迷你足湯池。（黃世孟／攝）

好足湯來自選對建材設備，與正確施工。

足浴池空間改造
設備建材知識學起來

一個好足湯設計，除了乾溼區配置、動線規劃得宜之外，材料的選擇與施工也是影響成敗關鍵。哪裡的材質要踩踏起來舒適不冰冷，哪裡要有止滑作用，要有哪些基本設備，室內外足湯的選材又有哪些要注意，這些知識筆記起來，你也能悠哉享受好生活。

Materials and Equipments

筆記 1

湯池結構防水第一優先
戶外材質注意防曬性

本文與圖片提供／呂嘉和

完善的足湯池，首重池體結構和鋪面材料，再來是硬體機房設備，其中包含用水的過濾系統、加熱處理、恆溫控制等等，最後會是環境照明輔助。前面章節提及湯池規劃多以木、石自然素材，選擇防滑面材，盡量減少金屬冰冷感材質，不過該怎麼搭配，有其訣竅，而池體結構設計也是一門學問，相對應該用哪種管線、水該怎麼排，又機房設備如何安排，環環相扣，這三大面向缺一不可。

池體池牆長期蓄水要防水處理

湯池本身還可區分結構體與池牆池底等項目，小型足浴池如果以樹幹原木製作或以其他材料一體成形時，通常可不需考慮到防水問題，但當結構體為 RC 構造，會因長時間蓄水、壓力承載關係導致滲漏，所以需同溫泉泡湯池依樣做防水處理，建議採用聚脲型防水較為密合，使用期限較長久。

相對池牆以整體美感為考量，鋪面材料和池底相同即可，強調自然的疊石、防水性木材在特殊設計時也可應用，但仍需先做 RC 牆與防水處理。

▲ 池牆頂通常會加裝石板或石塊當椅子用。

池底平整同時好清潔

至於池底，不太建議使用凹凸不平的碎

片、亂石片，這會影響使用安全與清洗維護，也應避免使用大塊易滑石材。有的足湯會想附加腳底按摩功能，以外型渾圓的鵝卵石為優先，但須注意石材類貼面，得考慮含鐵量較低的石材避免變色。此外，固定的鵝卵石工法應盡量貼平池底，勿突出池底太多，以防移動時腳底牴觸受傷。

▲ 戶外的座椅除了考慮舒適性也得留意防曬問題。

戶外面材考量日曬要防燙

湯池外的地板、走道除了要有好的吸水性，行走舒適止滑與好清洗保養，在池體和地面交接觸可設置淺溝幫助洩水，通常會選用吸濕效果佳的抿石，現有樹脂纖維榻榻米可防水，是另一新選擇。另外涉及戶外日曬，連同座椅在內，得留意防燙，浴池的扶手也一樣。

室外池常見涼亭，是為防止日曬雨淋而規劃，材料方面以自然材質或顏色紋理為優先選擇，好和整體景觀維持協調感，但因台灣颱風關係與近來的極端氣候，結構安全得留意風壓。

設計觀察手札　空間光線照明要近日光暖色

- 燈光演色性應趨近日光暖色，會讓空間顯得溫暖潔淨，偏白色度會變得蒼白無感。
- 戶外環境受自然環境影響較大，照明只須滿足基礎設施和空間照度即可，如行道燈、公共廣場。
- 依照 CNS 照度標準，公共浴室的室內空間照度需求為：
  櫃台、衣物櫃、浴場走廊 → 500LUX
  出入口、更衣室、淋浴處、泡浴槽、廁所→ 200LUX
  走廊 → 100LUX

筆記 2

水質過濾殺菌與配管限制
加熱恆溫系統留意通風與環保意識

本文與圖片提供／呂嘉和

足湯標配不可忽略機房設備規劃，當中又可區分加熱恆溫系統、水質的過濾殺菌系統以及管線配置與供應設備運作的電氣系統。而要設置機房有其空間限制與條件：

空間需求：過濾、殺菌、鍋爐（恆溫、洗腳水龍頭）、電器控制箱

環境需求：防熱、防潮、防噪、防震、防塵（後三項為選擇性）

資源需求：電源、水源、地面排水

設施與管線：整齊美觀、安全防護、維修方便

門禁管制

電力、瓦斯、燃油型，是三大主流加熱鍋爐

首當其衝的池水溫度控制，會需要加熱恆溫系統裝置，

▲ 除了天然溫泉水，還可利用其他加熱系統來保持水溫。

好將高於常溫的熱池水，降溫調整合適溫度，或者當使用與環境散熱影響，導致溫度下降，需加入熱源（熱水或蒸氣），保持一定水溫，亦可靠鍋爐直接循環加熱保持設定溫度。

▲ 好的足湯規劃，除了池體結構，對應支援的硬體設備機房也是一門學問。

根據空間環境條件與可用的加熱能源類型及可負擔成本，挑選合適鍋爐，而電力、瓦斯與燃油堪稱目前加熱主流產品，它們加熱後產生狀態又再分成熱水鍋爐與蒸氣鍋爐。近年興起的熱泵也屬熱水鍋爐的一種，只是它的設置成本較高，扣除大型商業用途，鮮少社區住宅使用。

鍋爐規劃條件分析

鍋爐能源類型	優點	限制條件
瓦斯鍋爐	① 自來瓦斯遷管線設置便利 ② 自來瓦斯首選，液態瓦斯其次	① 要考慮供貨方便性 ② 需注意瓦斯桶存放空間與通風性
燃油鍋爐	① 柴油為主燃料，費用最省	① 要考慮供貨方便性 ② 需注意儲油桶存放空間與通風性
電力鍋爐	① 無空污考量 ② 適合小型水池加熱	① 熱效能較瓦斯、燃油鍋爐低 ② 加熱成本較高
熱泵	① 利用電力從空氣中吸取熱度 ② 同步產生冷氣供空調使用	① 主機不宜設在空間低溫處 ② 建置費用較高

依鍋爐型態搭配輔助硬體

因應不同鍋爐，有不同輔助配備。好比燃油鍋爐，以柴油為運轉能源，會需要另外加裝儲油槽，相對油槽位置就要考慮日後送油車出入與輸油方便，反觀用液化瓦斯，需要二組多桶液化瓦斯桶。一組為備用隨時轉接。因此在設計動線時，得一一輸入條件。

另外可搭配熱水儲存槽，方便儲存保溫，以利隨時供應加熱所需。又或者利用熱交換器，一邊有鍋爐提供高於池水溫度之熱源，一台可處理多座水池的升溫，是經濟實惠的選擇。每座水池還可設定不同溫度。

加藥殺菌成本低

好湯水會需要過濾殺菌避免生菌數滋生影響健康。這可分成過濾與殺菌兩大細項說明。過濾桶以砂濾式過濾為主，濾

針對不同配管，選擇合適的管材。

▲ 過濾殺菌系統，讓足湯使用更安全衛生。

材主為石英砂、活性碳、沸石等等，而桶子則須具備正逆洗功能。至於殺菌設備可有：

加藥機與儲藥桶→ 費用較低，是最普遍的殺菌設備，通常使用漂白水和鹽酸兩種酸鹼藥劑，需注意通風，並配合水質自動偵測器。

加氯氣→ 容器中裝顆粒狀氯錠，藉由水流經桶內溶解帶出適量含氯成分的水來殺菌，設備最簡單但精準度差，得注意桶內氯錠存量和控制閥門出水量。

紫外線殺菌機→ 管狀內置紫外線殺菌燈，需使用電力，當停電或燈管故障便無殺菌效果，且不適合用於濁度較高的水質。

臭氧殺菌機→ 靠空氣中的臭氧殺菌，因此機房空間得通風良好，並預防臭氧外洩產生的危險。

配管得視溫度與環境需求而異

- 冷水管可用 PVC 管，但考慮老化與日曬，可改用 ABS 管或金屬管，除地面排水會用到薄管外，其他建議使用厚管。
- 溫水管可用 ABS 管等級，熱水管會以 UPVC 管為主，亦可以金屬管加保溫管被覆。
- 蒸氣管務必使用金屬並須做保溫處理，瓦斯管和燃油管則以金屬管為主。
- 閥門使用 PVC 容易老化或刮傷，多為砲金銅，其次是不鏽鋼，也有配合管材使用相同材質閥件，但會盡量避免使用 PVC 閥門。

善用 SFA 機械式排水系統 在哪都能泡足湯

本文與圖片提供／尚德衛浴有限公司

一般排水速度涉及管徑與坡度，管徑愈大，坡度就要愈大，足湯規劃也不例外。當地勢較低、沒有理想的排水條件，或是室內裝修已經完成，卻想增改，相對地面墊高的傳統拉管作法，施工簡便的 SFA 室內機械式排水系統能協助足湯改裝夢。

系統安裝快速又靜音安全

SFA 機械式排水設備運作概念是以內部偵測到水位就會自行啟動，運轉時比水龍頭出水聲音小、音頻較低，不會造成困擾。如果遇到停電或故障，機器內部的水升高，設備搭配的警報器就會自動發出蜂鳴聲體，提醒使用者，耗材也都可以更換。

根據流量與距離做正確選擇

其規格有家用靜音型 110V 及商用強力型 220V，獨立排水管直接連主排水，能任意加裝延長管。不過，像是商業空間用水的設備複雜且數量多，有時同時連接水槽、洗手檯、淋浴間、浴缸、洗衣機以及洗碗機，因此以「持續排水量」作為系統搭配評估標準最理想。

以室內用水為例，下列 3 情況可選擇小型機型。

情況 1：一天用水在 300 公升內。
情況 2：1 分鐘內的排水量在 80 公升以內。
情況 3：當天花板高度在 3 米以下、平行推送 10 米以下時。

▲ SFA 機械式排水系統可保留原裝修結構，任意加裝延長管，讓足湯規劃更輕鬆。

另外，SFA 排水系統可隱藏在牆壁內、櫥櫃裡或天花板內，無須破壞建築物地坪，保留原裝修結構，多數客觀條件下，安裝工程僅需半天即可完工。

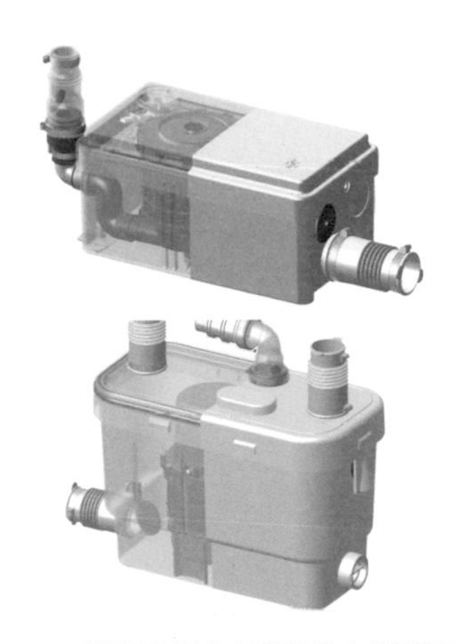

▲ 根據持續排水量與排水距離來挑選合適的設備安裝。

▲ 有想另外加裝衛浴、足湯，可考慮安裝簡便的 SFA 機械式排水系統。

不只水要殺菌連空氣也要乾乾淨淨 RGF空氣治理設備改善呼吸

本文與圖片提供/日商台灣宜家利環保科技股份有限公司

大家對足湯用水知道要殺菌，卻易忽略足浴場空氣品質。即便乾濕分離，做好通風規劃，但潮濕因子仍在，一有潮濕便會導致起黴菌與細菌滋生，引起空汙和傳染疾病，若一個不小心，讓細菌停留人體表面或傷口上，容易會有感染風險。因此好的足湯計畫，會將空氣滅（殺）菌納入考量。

仿生態滅菌兼除異味

由宜家利環保科技公司代理美國 RGF 公司獨有 PHI 光氫離子滅菌因子的 RGF 設備，採用仿生態技術，利用紫外光線激發專利的特殊材料產生具備滅菌效能的過氧化氫及滅菌因子破壞細菌和病毒的細胞結構，從而達到殺菌及清除異味效果。

比照太陽在空氣中殺死病菌

PHI 光氫離子滅菌因子的 RGF 設備，有如太陽般能夠在空氣中殺死細菌、病毒和其他微生物，研究顯示該技

▼ 足浴場、浴室及泳池等潮濕空間，是最容易滋生細菌和病毒的環境，因此常常面臨空氣品質及衛生問題。

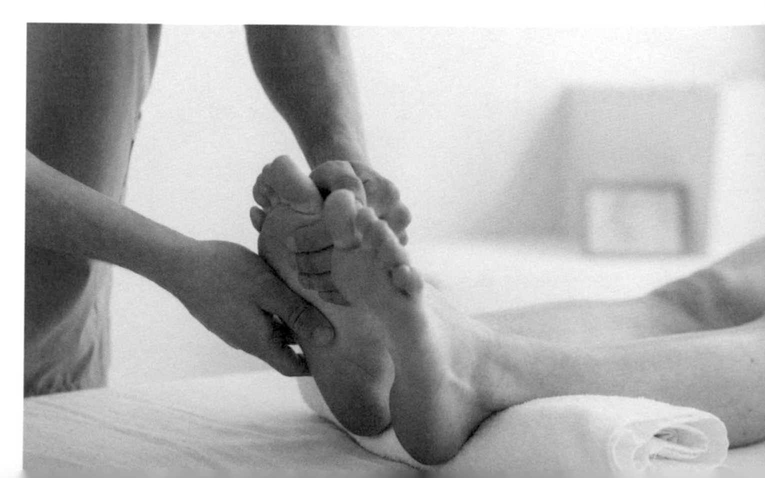

▲ RGF 有多種機台提供各種空間做選擇，安裝方便，且無須更換耗材，大幅降低維護成本，提供全方位的空氣品質。

▲ 足浴及美甲等需近距離接觸的工作產業，是病菌傳染最迅速的場所之一。

術已廣泛應用於醫療及食品工業領域，亦可被沿用至足湯規劃當中，可以有效改善足浴場空氣品質，並阻絕空氣中的病菌和病毒傳播，使人們能夠安心使用，舒壓工作疲憊的身心。

電解次氯酸水有效殺滅黴菌

至於足浴場的清潔更不得馬虎，有效清潔可避免滋生細菌，因此使用的清潔液更得慎選。宜家利自行開發生產的潔勁全方位抗菌液主要成分是電解的次氯酸水，對足浴場所進行消毒，可有效殺滅足浴場牆壁、地板及足浴桶的細菌和黴菌，效果高於漂白水 80 至 100 倍。在清潔維護與空氣品質雙管齊下，必能打造更加健康和舒適的足浴場。

▲ 潔勁全方位抗菌液，根據台美檢驗中心、SGS 的實測報告，能於短時間內確實有效的抑制細菌與病毒。

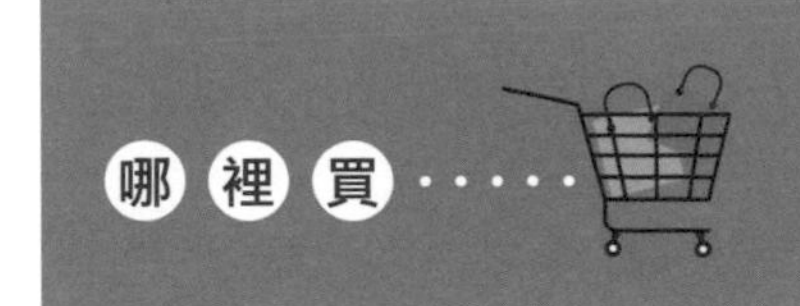

哪 裡 買

日商台灣宜家利環保科技股份有限公司

電話 | 0800559123

地址 | 新北市中和區中山路二段 362 號 3 樓

結構體採預鑄式底模浴缸 防震防漏保溫泡湯好輕鬆

本文與圖片提供/翁來水之藝國際實業有限公司

搭建足湯池結構主體，常見工法乃採用 RC 灌漿或砌磚方式，先鑄型泡湯池體再做防水處理，表面貼磁磚或石材修飾，現在另有新工法：預鑄式底模浴缸可供選擇。尤其台灣位於地震帶，常因日久或地震衍生破裂漏水問題，以遊艇材質改良研發的預鑄式底模浴缸，具有抗震防漏效能，可依空間客製化尺寸，連轉角畸零地也能充分利用作為泡湯好去處。

特色 1：一體成形的缸體堅固耐用，且內外鋪設多層 FRP 玻璃纖維和樹酯，內缸更多一層奈米防水塗劑，讓結構更加完善，提高抗震防漏功能。

特色 2：缸體底部以 SUS#304 厚 1.2mm、不鏽鋼管 A 級 1" 方管，與缸體牢牢結合，特製調整腳，有助安裝時容易調整水平。

日本進口保溫複合材保溫性能佳

而泡湯最怕泡不到半晌，水涼身體也跟著著涼，得到反效果，因此湯池的保溫效果得格外注意。因為缸體主結構是日本原裝進口保溫複合材，加上玻璃纖維和樹酯作用，安裝缸體時與 RC 結構有空隙，不易熱傳導流失熱能，具有極佳保溫效果。

專利工法搭配水療設備

除了單純享受泡湯的樂趣，透過特殊專利和工法預鑄缸上處理開鑿挖洞而不漏水的技術，可替湯池搭配其他讓身體放鬆的水療設備，舉凡超音波按摩、沖擊泉、氣泡湧泉、牛奶浴、維其浴與水底氣氛燈等等，營造出個人獨特喜愛的風格泡湯池。

▲ 翁來的預鑄式底模浴缸可貼檜木、馬賽克等各式表面修飾材，因特殊塗膜與安裝，具有極佳保溫功效。

▲ 預鑄式底模浴缸可搭配其他水療設備，依空間量身客製。

▲可量身客製的預鑄式底模浴缸，可有斜背設計與一排或雙排座椅規劃。

▲ 缸體結構採用日本原裝進口保溫複合材，保溫性能佳。

筆記
6

止滑好保養裝飾材 讓足湯空間減少卡垢潮濕危機

本文與圖片提供／諾貝達精品磁磚股份有限公司

我們在規劃足湯空間時特別強調使用的面材、建材要具有低吸水性以及止滑作用，畢竟足湯設備如同住家衛浴空間，因用水量大，容易導致壁面或地坪潮濕，一有濕氣容易滋生黴菌病菌，容易引發跌倒危機，髒污也跟著來，因此具有好清潔不怕潮的磁磚類面材常是第一優先考量。

燒面或霧面磁磚可防滑

因泡湯首重安全，走動都會讓水分隨著腳滑下，所以不論是浴缸裡的地板或浴室地板一定要有做到足夠的防滑，足湯及淋浴空間地板應該選擇燒面磁磚、霧面磁磚為主，既防滑也方便刷洗。

另外壁面除了貼磁磚外，有的會選用珪藻土礦物塗料，利用珪藻土吸濕特性，減少潮濕。

耐刮高硬度磁磚清潔保養容易

因為磁磚高溫窯燒，所以表面無毛細孔，硬度高，不怕

▼ 泡耐刮高硬度磁磚不怕潮濕且好清潔保養。

▲ 針對足浴場所裡不同空間，所需要的面材也不一樣，因此規劃者得精準掌握建材特性，提供最佳設計。

潮濕。除此，耐刮高硬度磁磚，幾乎無須任何特殊清潔保養，數年後，還如同剛鋪貼完一般的嶄新如故。

全面性建材商家方便諮詢細節

考量足湯場域除了泡湯環境及衛浴空間，還有接待大廳、休息室、更衣室...等，整體環境需用到不同裝飾的建材、面材，但該怎麼規劃較佳，頗建議可提供室內全面性建材品項，甚者有代理口碑品質建材品牌的商家好諮詢所需，省去前置瑣碎作業，讓泡湯裝修規劃更輕鬆。

筆記 7

防水材要耐高溫減少毒素 全面防水讓足湯屏障多一分

本文與圖片提供/包晴天防水建材

眾所周知足湯空間除水池外，空間內牆體因常有水氣充斥其間，當防水層沒處理好，輕則牆面有髒汙坑洞裂縫，重則壁癌牆面滲水。因此會在牆壁、地坪與足湯池壁面材多道防水程序，不過若選擇劣質防水材或施工工序不當，防水功效會跟著大打折扣。

注意 1：水池壁體防水要考量高溫在攝氏 42 度到 45 度之間，不會產生有毒物質危害人體健康。

注意 2：針對不同防水問題選擇合適防水材，如一般壁癌可用一般型壁癌漆，嚴重者可採用壁癌粉，當混凝土牆面有細微漏水，可以滲透結晶補漏材進行補救，如若負水壓壁面滲水，坊間有品牌推出多功能補修材。

注意 3：常見的補牆膏多用於牆面髒污、坑洞或細小裂縫做一次性修復。

底塗、中塗、面塗防水程序全面保護

一般防水系統會有 4 道手續，第一層是先將 RC 面以水性單液底膠作為底塗，中塗分二道彈性水泥塗布，第三層面塗再二道水性 PU 黑膠，最後才覆蓋磁磚、石材等表面材當保護層。

噴塗式純聚脲系統防水壽命長

另外，倘若預算充足，建議採用噴塗式純聚脲系統，一體成型、無溶劑、防水性佳、高彈性且高耐化學性，其防水使用年限與一般防水系統相比較長，機能較佳，不失為一絕佳方案。防水不止是足湯需要，無論新舊住家空間裝修都應將防水列入重點施工項目。

▲ 防水，不止有足湯需要，室內空間壁面、地坪都須顧及。

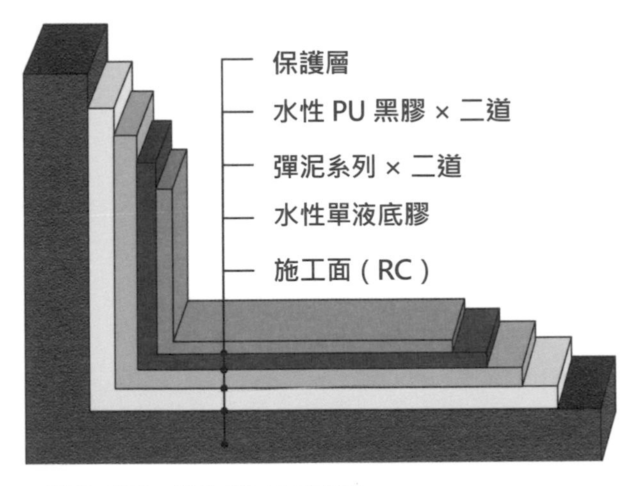

▲ 浴室、花台，覆蓋式防水圖解說明。

▲ 防水要起作用，除了用料挑選有品質，更得留意其施工程序不得馬虎。

筆記 8

溫濕雙控抗菌空調 打造更節能健康的足湯空間

本文與圖片提供／和泰興業股份有限公司

因應防疫，大家對空調的空氣品質要求更勝以往，將之對照足湯空間規劃，倘若能配合空調設備溫濕雙控、除菌抗病毒、防霉運轉，全方位的清淨功能，也能為使用者帶來更健康舒適的足湯空間品質。

新鮮換氣清淨過濾有害物質

室內裝修常選用全熱交換器，不需要開窗就能引進新鮮外氣，降低室內空氣有害物質濃度，提高新鮮含氧量，同時以 PM2.5 過濾箱搭載前過濾網及 HEPA 過濾網，可過濾大顆粒異物、PM2.5、硫氧化物、氮氧化物及有害物質等，呼吸到好空氣，提高健康力。不過當足湯設施是採半戶外空間，可不需設置全熱交換機而改為通風降冷設備，亦有等值效果。

針對台灣氣候溫濕雙控減少細菌

只是台灣氣候環境影響，夏天最易悶濕，連帶影響泡足湯意願，畢竟濕度愈高愈感悶熱，也愈容易孳生細菌，因此專門針對台灣悶濕氣候研發的「Hybrid

▼ 大金一對一家用空調旗艦機種 — 橫綱 V 系列，搭載日本最先進閃流放電技術，有效分解空氣中有害物質、細菌、病毒。

▲ 大金橫綱 V 系列引用全新康達效應導流板，廣域舒適氣流，分布均勻室溫平穩，而室內足湯空間可搭配閃流除菌空氣清淨機，清淨除菌抗病毒。

Cooling 溫濕雙控科技」，同時控制溫度與濕度，更較一般冷氣除溼力提升 75%，更加節能省電，安裝於室內足湯，亦能有效控制濕氣。

搭配移動除溼機解決足湯不同空間濕度

換言之，足湯比起其他空間更需精準控制溫度及濕度，除了採用較高冷氣除濕力之空調機，還可配合移動式除濕機，滿足不同區位足湯空間除濕需求。在預算充足下，更是建議選擇具備「閃流放電」空氣淨化技術的空調品牌機種，實驗證明該淨化技術對新冠病毒，如 Omicron 株達到 99.97%、Delta 變異株達到 99.8% 以上的抑制活性效果。

▲ 移動式除溼機可滿足不同區位足湯空間除溼需求。

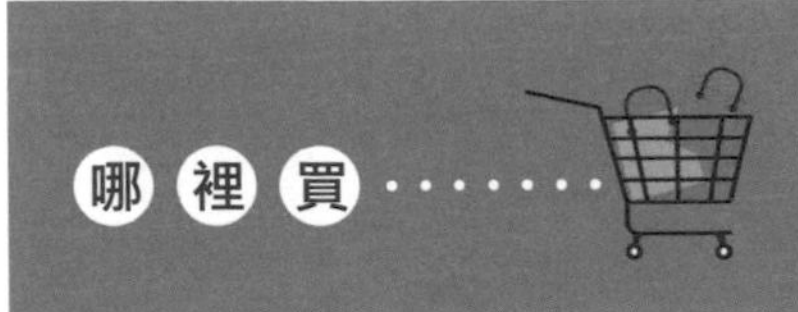

DAIKIN 大金空調 / 和泰興業股份有限公司
電話 | 02-25148887
地址 | 台北市內湖區新湖一路 36 巷 18 號

筆記
9

居家便利型足湯
遠紅外線把泡腳變輕鬆、更健康

本文與圖片提供／毅太企業股份有限公司

想輕鬆泡足湯，可選擇便於移動的足浴桶，或是近來運用遠紅外線研發改良、免加水的健康屋獨特設計，加上多元化功能，還能與各種室內裝修風格完美契合。

遠紅外線養生保健新利器

傳統桑拿或泡湯會因短時間大量排汗造成身體電解質快速失衡，造成身體負擔，但是遠紅外線是透過光波以幅射方式作用於人體或物體，傳熱效果速度快又直接；且能量溫和，既可滲透到肌膚深層，又不會傷害人體細胞。所以將之應用在足浴桶整個內部，並於底部安置具強大磁場與天然負離子的電氣石踏板，吸收熱能後，啟動熱循環，溫灸熱敷為足部做微排汗，即可將體內堆積廢物隨汗水排出體外，進而促進血液循環，改善新陳代謝。

免加水輕巧使用

一般足浴桶得自行加水，使用後清潔也是一大問題，遠紅外線足浴桶免加水的獨特性，對容易手腳冰冷的

▼遠紅外線健康屋別於三溫暖設備，住家安裝簡便

▲ 遠紅外線健康屋幾乎不用預熱，相對節省電費。

▲ 採用原木加拿大鐵杉製作，品質有保證。

女性與年長者而言，不用費力提水與倒水，輕鬆又便利。此外，更不怕漏電，且坐著、躺者皆可使用；定時、定溫的觸控面板及天然純原木打造，輕巧好搬運，隨時隨地皆可輕鬆享有舒適的遠紅外線足部 SPA，暖身、養身、保健、美腿、足部保養等，一機多功能。

▲ 從遠紅外線健康屋到移動便利的足浴桶，都透過遠紅外線的光波加熱原理，來達到身體微排汗。

單人健康屋安裝便利

從足浴桶、延伸到一整座的遠紅外線健康屋，單人健康屋就像一台冰箱的大小，採用 110V 的電源，有別於坊間三溫暖產品，安裝相當方便，非常適合一般居家空間。整間採用遠紅外線是透過光波直接加熱身體，所以房內空氣不熱，也幾乎不用預熱，電費相對較便宜，雙人健康屋則建議使用 220V 的電源。

附錄

台灣也有特色足湯

台灣也有湯文化，從北到南任君選擇，連足湯也不惶多讓。
我們特地挑選全台特色足湯，
跟著足湯地圖，來場輕旅行，全台走透透。

資料整理／林祺錦

【台北市】

1. 冷水坑溫泉

台北市士林區菁山路 101 巷 175 號
https://goo.gl/maps/DAXXEX1befVTpZ3F8

2. 台北市泉源公園溫泉泡腳池園區

台北市北投區珠海路 155 號
https://goo.gl/maps/6cKCtWbrCveELzkX9

3. 復興公園泡腳池

台北市北投區中和街
https://goo.gl/maps/bUYWTP5bfKyXXvkm8

4. 硫磺谷溫泉泡腳池

台北市北投區泉源路
https://goo.gl/maps/YxYtidzooHiThy6z6

5. 三軍總醫院北投分院（前日軍衛戍醫院）

台北市北投區中心街 1 號
https://goo.gl/maps/AfdD8tcnadbFTgkf7

【新北市】

6. 磺港社區公共浴室（黃金之湯）

新北市金山區磺港路 312 號
https://goo.gl/maps/N5bxfByFvpj5jgDQ8

7. 大鵬足湯公園

新北市萬里區加投路 81 號
https://goo.gl/maps/urvL8sNQ9V9XyPS1A

8. LOFT17 森活休閒園區

新北市石碇區中民里番子坑 17 號
https://goo.gl/maps/B11tFEQ1yJuYgoKK6

【桃園市】

9. 羅浮溫泉湯池

桃園市復興區 140 號
https://goo.gl/maps/6ATEHv6voMrk2MyKA

【新竹縣】

10. 新竹將軍湯

新竹縣五峰鄉清石道路
https://goo.gl/maps/srCautLWCjyC3SwM8

【苗栗縣】

11. 泰雅原住民文化產業園區附設泡腳區

苗栗縣泰安鄉 46-3 號

https://goo.gl/maps/vG4Y6wNRZXG4PqeE9

12. 鍾鼎山林雲海景觀咖啡廳 · 老薑蒸足浴

苗栗縣大湖鄉栗林村薑麻園 13 號

https://goo.gl/maps/u4uesnPSFXnrW2Wy5

【台中市】

13. 谷關溫泉公園

台中市和平區東關路一段 102 號

https://goo.gl/maps/oDEqiWthW6SGjsNUA

14. 東勢林場森林湯濯足園

中市東勢區勢林街 6-1 號東勢林場

https://goo.gl/maps/7yKwNMrbaLBns2Zg8

15. 霧峰柳樹滴湧泉（泡腳池）

台中市霧峰區霧工一路 56 號

https://goo.gl/maps/FbVZzgSpE1wWFx216

16. 望高莊園

台中市南屯區中台路 398 號

https://goo.gl/maps/odZnXNVLnYPCS6Fn7

【彰化縣】

17. 貓頭鷹廣場

彰化縣彰化市大彰路 65 號

https://goo.gl/maps/RxnJrGUJAdEHS9WJ9

【嘉義縣】

18. 清豐濤月景觀餐廳（景觀養生足湯）

嘉義縣番路鄉凸湖 5-3 號

https://goo.gl/maps/AtwuRjL2tvGMxzTPA

【屏東縣】

19. 四重溪溫泉公園

屏東縣車城鄉文化路 1 號

https://goo.gl/maps/xk3TadZN8JSLvqXg9

【台東縣】

20. 六口溫泉

台東縣海端鄉，南橫公路 184.5 公里處

https://goo.gl/maps/JW1hBPJKPmmJYAjF7

21. 嘉蘭溫泉公園

964 台東縣金峰鄉拉冷冷部落往新富社區聯絡道路

https://goo.gl/maps/wWerr29uFCHTySD8A

22. 水流腳底按摩步道

台東縣卑南鄉

https://goo.gl/maps/qwBVScX53wBRd7es7

【花蓮縣】

23. 台灣海礦館 - 深•足癒步道

花蓮縣花蓮市華東 15 號

https://goo.gl/maps/d1rcDs1C3yr5WpUb8

【宜蘭縣】

24. 宜蘭地景廣場

宜蘭縣礁溪鄉礁溪路五段與中山路二段交接口

https://goo.gl/maps/2suUjbVofXMkZwQy7

25. 湯圍溝溫泉公園

宜蘭縣礁溪鄉德陽路 99-11 號

https://goo.gl/maps/TQmbZXBvUCEJ48B57

26. 礁溪溫泉公園

宜蘭縣礁溪鄉公園路 70 巷 60 號

https://goo.gl/maps/yM5xAzgerMWrruHk6

27. 清水地熱公園

宜蘭縣大同鄉三星路八段 501 巷 150 號

https://goo.gl/maps/jX4qNo2h3jgs1TyKA

28. 樂山溫泉拉麵

宜蘭縣礁溪鄉礁溪路五段 108 巷 1 號

https://goo.gl/maps/tZfLaqedg3G4yRMJ7

29. 蘇澳冷泉泡腳池

宜蘭縣蘇澳鎮冷泉路 6 之 4 號

https://goo.gl/maps/sin1EpmJHNMBGdyV9

30. 阿里史冷泉

宜蘭縣蘇澳鎮泉興巷 5 號

https://goo.gl/maps/gcAK9cajThTLb7dC8

31. 三星鄉公所耕莘候車亭泡腳池

宜蘭縣三星鄉健富路二段 407 號（耕莘專校宜蘭校區門口）

https://goo.gl/maps/1c6GPFtMSPj7aSWd6

一起泡足湯吧！
最解憂的療癒通用設計

國家圖書館出版品預行編目 (CIP) 資料

一起泡足湯吧！最解憂的療癒通用設計 / 台灣衛浴文化協會著 . -- 初版 . -- 臺北市 : 風和文創事業有限公司 , 2023.10　面；公分

ISBN　978-626-97546-1-8((平裝)

1.CST: 浴室 2.CST: 室內設計 3.CST: 空間設計

441.445　　112014258

作者	台灣衛浴文化協會
編輯與執行協力	學術委員會張良瑛、許華山、林祺錦 、李美慧
總經理暨總編輯	李亦榛
特助	鄭澤琪
副總編輯	張艾湘
封面題字	王雨薇 Vivi Wang
插畫	黃承緯
封面設計	黃綉雅
版面構成與編排	黃綉雅

出版公司	風和文創事業有限公司
地址	台北市大安區光復南路 692 巷 24 號 1 樓
電話	02-27550888
傳真	02-27007373
Email	sh240@sweethometw.com
網址	www.sweethometw.com.tw

台灣版 SH 美化家庭出版授權方
凌速姊妹 (集團) 有限公司
In Express-Sisters Group Limited

公司地址	香港九龍荔枝角長沙灣道 883 號億利工業中心 3 樓 12-15 室
董事總經理	梁中本
Email	cp.leung@iesg.com.hk
網址	www.iesg.com.hk

總經銷	聯合發行股份有限公司
地址	新北市新店區寶橋路 235 巷 6 弄 6 號 2 樓
電話	02-29178022

製版	彩峰造藝印像股份有限公司
印刷	勁詠印刷股份有限公司
裝訂	祥譽裝訂股份有限公司
定價	新台幣 380 元
出版日期	2023 年 10 月初版一刷